果树高垄栽培体系及其增效机制研究

王玉柱　姜凤超　孙浩元　张俊环　杨　丽　著

中国农业大学出版社
·北京·

图书在版编目（CIP）数据

果树高垄栽培体系及其增效机制研究／王玉柱等著. —北京：中国农业
大学出版社，2017. 11

ISBN 978-7-5655-1915-4

Ⅰ.①果… Ⅱ.①王… Ⅲ.①果树园艺-研究 Ⅳ.①S66

中国版本图书馆 CIP 数据核字（2017）第 199853 号

书　　名	果树高垄栽培体系及其增效机制研究		
作　　者	王玉柱　姜凤超　孙浩元　张俊环　杨　丽　著		
策划编辑	梁爱荣　汪春林	责任编辑	田树君
封面设计	郑　川	责任校对	王晓凤
出版发行	中国农业大学出版社		
社　　址	北京市海淀区圆明园西路 2 号	邮政编码	100193
电　　话	发行部 010-62818525，8625	读者服务部 010-62732336	
	编辑部 010-62732617，2618	出 版 部 010-62733440	
网　　址	http://www.cau.edu.cn/caup	**E-mail** cbsszs @ cau. edu. cn	
经　　销	新华书店		
印　　刷	涿州市星河印刷有限公司		
版　　次	2017 年 11 月第 1 版　　2017 年 11 月第 1 次印刷		
规　　格	787×1092　16 开本　10.25 印张　180 千字		
定　　价	32.00 元		

图书如有质量问题本社发行部负责调换

内容简介

近年来，在我国北方地区虽然桃栽培面积和产量不断增加，但是优质果品率一直不高。通过对北京市场上出售桃品质调查发现，桃果实的可溶性固形物一般均在 11 °Brix（°Brix 为糖度单位）以下，果实口感较差，果实品质较低，因此，迫切需要根据当前农业生产水平重新寻找与探索更科学高效的栽培方式来改善果实品质，以满足消费者对高品质水果的需求。为此，以高垄栽培为基础，研究该栽培体系对果树营养生长、产量、品质和果园小气候等的影响，并对其改善桃品质的机制和相应的栽培配套措施进行了初步研究。主要结论概括如下：

（1）北京地区桃树整个生长期内需水量约为 627 mm，生长期 P_i 为 0.88，降水量基本上可满足桃树需求，但是，4、5 和 6 月份 P_i 值分别是 0.4、0.2 和 0.5，7 和 8 月份的 P_i 分别是 2.1 和 2.4，表明不同生长发育阶段水分供应差异较大，尤其在成熟期时外界降水供应量远远高于桃树需水量，可见，生长期内水分的不适时、不适度供应是导致当前果实品质较低的主要原因。

（2）与常规种植相比，高垄覆膜栽培使桃树提前 2～3 d 开花，修剪量降低 15%左右，增产 20%左右，可溶性固形物含量提高 10%左右，氨基酸降低 15%。高垄覆膜栽培处理显著提高糖酸比，从而明显改善桃果实的风味品质。

（3）高垄覆膜栽培处理可以有效调控土壤水分含量，使 0～40 cm 土壤含水量比常规处理降低 20%左右。高垄栽培树 V 形中下层相对光照强度基本保

1

持在 50％以上，而常规开心下层的相对光照强度多低于 30％。高垄栽培处理环境温度变化趋势与常规栽培处理基本一致，但略低于常规栽培。不同处理 20 cm 深度土温度变化较为剧烈，而 40 cm 深度变化比较平稳。高垄覆膜栽培处理有机质和有效磷含量分别下降 7.9％、3.1％，而常规覆膜栽培处理分别下降 8.6％、3.7％；高垄覆膜处理全氮、有效钾含量和 pH 分别升高 10.4％、10.3％和 0.0％，而常规覆膜栽培处理分别升高 7.4％、7.6％和 0.1％，表明高垄栽培可以有效地保持土壤的肥力。高垄栽培种植模式有效地促进各栽培因子向改善桃果实品质的方向发展，不但可提高桃果实品质，还明显改善果园的小气候。

（4）桃果实中糖的积累主要在果实生长发育的后期，而酸的积累主要在前期，并且不同处理中各糖、酸组分的变化规律基本类似，在同一生长发育时期，高垄栽培果实中糖含量高于常规处理，而酸含量基本低于常规处理。在桃果实成熟时，高垄覆膜栽培处理蔗糖磷酸合成酶活性高于常规覆膜栽培处理。不同处理酸性转化酶、中性转化酶和山梨醇氧化酶活性在果实发育初期活性最大。蔗糖与蔗糖合成酶、蔗糖磷酸合成酶、酸性转化酶和中性转化酶呈负相关关系，葡萄糖和果糖与蔗糖合成酶、蔗糖磷酸合成酶、酸性转化酶和中性转化酶呈正相关关系，并且不同处理结果基本一致。不同处理酶的净活性总体呈上升趋势，并且各处理间差异并不明显。

（5）成熟桃果实中蔗糖和苹果酸分别占可溶性糖和有机酸的 80.6％和 77.0％左右，是糖和酸的主要储存形式。高垄覆膜处理中成熟桃果实中可溶性糖（蔗糖、葡萄糖、果糖和山梨醇）在液泡、细胞质和细胞间隙的含量分别为 27.3、11.6 和 9.0 mg/g，有机酸（苹果酸、柠檬酸、奎宁酸和莽草酸）为 2.09、0.94 和 0.35 mg/g，糖酸在液泡、细胞质和细胞间隙三者之间分布不同，存在明显浓度梯度，并且认为细胞内糖酸的分布差异是导致果实甜度变化的主要原因。果实细胞内各糖酸组分通过细胞膜的渗透速率明显高于液泡膜。

（6）通过比较 2 个水分梯度桃果实液泡、细胞质和细胞间隙中可溶性糖、有机酸的分布规律发现，增加水分供应可降低液泡中可溶性糖与有机酸含量。各种糖、酸组分透过细胞膜的渗透速率均高于液泡膜，随着土壤水分含量升高果实中糖、酸透过细胞膜与液泡膜的渗透速率有所降低。

（7）不同的灌溉方式用工量以管灌和滴灌方式较为省工，并且随着使用年限的增加，省工效果更为明显；环状沟施肥方式与其他方式相比，可显著提高可溶性固形物、可溶性糖和维生素 C 的含量；篱壁形和开心形对桃产量和品质的影响不显著。

（8）不同 N 肥和 K 肥施用量对光合速率、蒸腾速率达到显著程度，并且它们主要受氮肥含量的影响，受钾肥影响较小。高氮处理的修剪量分别比中氮和低氮处理提高约 6％和 5％，说明氮肥促进了桃树的营养生长。各处理中，以 N_2K_3 可溶性糖含量最高，为 91.4 mg/g，N_3K_1 可溶性糖含量最低，为 76.0 mg/g，并且在维生素 C 中也有类似的规律，表明适度增加肥料用量可以改善果实品质，但施用量较大时，反而使果实品质下降。

（9）与常规种植相比，宽窄行种植各层光照分布均匀，并且各层光照强度均高于同层次开心形。宽窄行处理每公顷产量在 2014 年和 2015 年分别比常规处理高 20.0％和 18.2％，显著提高桃单位面积产量。宽窄行种植显著提高果实中可溶性糖的含量，尤其是蔗糖含量，明显降低有机酸含量，主要为苹果酸含量。

（10）高垄栽培种植模式有效地协调桃果实品质与气候条件的关系，达到改善果实品质的目的。该研究结果对我国存在相同问题的桃、杏、李、苹果和梨（早、中熟品种）、葡萄及柑橘等经济林果品品质提高具有重要的指导意义。

关键词：高垄栽培；品质；生理生态；糖；有机酸；桃

ABSTRACT

The acreage and production of peach (*Prunus persica*) in our country are the first in the world. In recent years, although the cultivation area and production of peach were increased quickly in northern region of China, the rate of good quality fruit was low. A survey was performed to evaluate the quality of peach sold in the market of Beijing, it was found that the soluble solids content was less than 11 °Brix and the fruit taste and quality were very poor. Therefore, it was an urgent to find and explore more scientific and efficient cultivation methods based on the current level of agricultural production to improve fruit quality and meet consumer demand for high-quality fruit. In this experiment, 'Hakuho' was selected as plant material to study the effect of high ridge on vegetative growth, yield, fruit quality and orchards climate, and further study for improving the quality of peach by high ridge cultivation was performed to provide a theoretical basis for increasing the quality of peach. The main findings are as follows:

(1) Though studying the relationship between water demand, fruit flavor and quality of peach, it was found that peach water demand during the growing period was about 627 mm. The P_i of growing season was 0.88, which suggested that the precipitation in Beijing can basically meet the water demand for peach growth throughout the growing season. However, the P_i of April, May and June was 0.4, 0.2 and 0.5, the value of P_i in July and August was 2.1 and 2.4, which showed that the water supply between different months was difference, especially, the amount of water supply from rainfall before harvest was much higher than that of demand. Therefore, the timing and intensity of

4

precipitation before harvest was the main reason for the decrease of fruit quality was concluded.

(2) Compared with conventional cultivation, the peach in high ridge cultivation systems was as earlier as about 3 days into the flowering stage, the amount of pruning was significantly reduced about 15%, the yield was increased about 20%, soluble solids content was increased about 10%, the sugar/acid ratio had been increased to some extent. The primary amino acids content (aspartic acid, glutamic acid, leucine, lysine, serine, etc.) was decreased about 15% by the preharvest precipitation. Therefore, the cultivation systems of planting trees in 80 cm high ridge and mulched by film was proved to be a more effective method of improving the quality of peach.

(3) High ridge cultivation can effectively regulate soil moisture content and it can make the soil water content between 0~40 cm depths decrease about 20%. The study was conducted to evaluate the effects of high ridge and convention cultivation on orchard climate. The results showed that the light intensity of different levels of tree crown in high ridge cultivation was significantly better than conventional treatment, the middle and lower of crown relative light intensity remained above 50% and was evenly distributed, but the relative light intensity was 30% in CK. The temperature changes between different treatments were basically the same, and the ambient temperature in high ridge cultivation was slightly lower than that of conventional cultivation. However, the temperature of high ridge was higher than that of CK by analyzing the temperature of different height in the environment and diurnal variation of ambient temperature. The soil temperature at 0~20 cm depth was changed intensely, but the soil temperature at 20~40 cm depth was relatively stable. High ridge cultivation can effectively maintain soil fertility, organic matter and phosphorus in high ridge cultivation was decreased 7.9%、3.1% in HRM and 8.6%、3.7% in CK, respectively. The content of nitrogen, effective potassium and pH of HRM was 10.4%、10.3% and 0.0% and 7.4%、7.6% and 0.1%, respectively. High ridge cultivation can promote all cultural factors to improve the quality of peach fruit, it not only to improve the quality of peach fruit, but also significantly to improve the orchard microclimate.

(4) Seasonal variations of sugars and acid components in high ridge cultivation and conventional cultivation were studied, and the enzyme activities related to sugar metabolism were also determined during the growing period. All sugars were accumulated in the later stage of fruit development, but acids were accumulated in early stage. There were similar changes of sugars and acids in

different treatments. The sugars content in high ridge cultivation was higher than that in conventional cultivation, but the variations in acids were just the opposite. There were similar changes of sugars and acids in different treatments. The sugars content in high ridge cultivation was higher than that in conventional cultivation, but the variations in acids were just the opposite. The effects of different treatments on the activities of sucrose synthase (SS), sucrose phosphate synthase (SPS), invertase and sorbitol oxidase activity were different. The activities of acid invertase, neutral invertase and sorbitol oxidase were most active in the early stages of fruit development. The relationship between sugar content and related metabolic activity was studied and the results showed that the enzymes of sucrose synthase, sucrose phosphate synthase and invertase showed a negative correlation for sucrose, a positive correlation glucose and fructose, and the correlation in different treatment were basically consistent.

(5) Sucrose and malate accounting for 80.6% and 77.0% of total sugars and acids, respectively, in mature fruit were principal accumulation form in ripe peach fruit. The study was performed to evaluate the effect of sugar and acid distribution on fruit sweetness and sourness in different growing stages. The results showed that sugars (sucrose, glucose, fructose and sorbitol) and acids (malate, citrate, quinate and shikimate) in vacuole, cytoplasm and free space were 27.3, 11.6 and 9.0, and 2.09, 0.94 and 0.35 mg/g, respectively, in mature fruit. The tonoplast with lower permeability was the most resistant barrier to sugars and acids release. There was an obvious concentration gradient between vacuole, cytoplasm and free space for sugars and acids, and it was considered that the differences of intracellular distribution of sugar and acid were responsible for the decrease of fruit sweetness.

(6) Sugars and acids in vacuole, cytoplasm and free space were 39.47, 16.73 and 13.03 mg/g, and 4.38, 3.15 and 0.69 mg/g, respectively, in W1 treatment, and 35.63, 16.11 and 13.33 mg/g, and 4.00, 3.27 and 0.65 mg/g, respectively, in W2 treatment, which indicates that increasing water supply can reduce soluble sugar and organic acid content in vacuole. The permeation rate of sugars and acids through the cell membrane was higher than the vacuolar membrane. With the increase of soil water content, the permeability of sugars and acids in the fruits through the cell membrane and the vacuole membrane was decreased.

(7) The amount of labor of drip irrigation and pipe irrigation was less than artificial furrow, and workers saving effect was more obvious with the increase

of years. Compared with other fertilization types, annular groove fertilization can significantly increase the content of soluble solids, soluble sugar and vitamin C. The effect of hedgerow shape and open-center shape on fruit quality was not significant.

(8) The effect of different N and K fertilizer application on photosynthetic rate and transpiration rate was significant, and it were mainly affected by N, less affected by K. The amount of pruning in high N was about 6% and 5% higher than suitable N and low N during the 2 years, which indicating that N promoted vegetative growth of peach. The soluble sugar content of N_2K_3 (91.4 mg/g) was the highest in all treatments, and N_3K_1 was the lowest with the content of 76.0 mg/g, and vitamin C has a similar law, which showed that a moderate increase in fertilizer can be improved fruit quality, but excessive use of fertilizers made fruit quality decreases.

(9) WN significantly improved the yield per unit area of peach and the yield per hectare of WN was 20.0% and 18.2% higher than that of CK in 2014 and 2015, respectively. The content of soluble sugar was significantly increased by WN, especially sucrose. The organic acid content was decreased significantly, which was mainly in malic acid. Compared with CK, WN increased soluble solids and vitamin C content of fruit, but not in significant levels. Sugar-acid ratio of fruit was increased in WN, thereby improving fruit quality.

(10) It was found that high ridge cultivation can resolve the contradiction between natural climatic conditions and fruit production by comparing the impact of high ridge cultivation and conventional cultivation on yield and quality of fruit. The results in the study had an important guiding significance to improve the fruit quality for peach, apricot, plum, apple and pear (early maturing varieties), grapes and citrus fruits and other forest with the same problem.

Key words: High ridge cultivation; Quality; Physiology and ecology; Sugars; Organic acids; Peach

前　言

我国果树种植面积和产量均居世界首位。2015 年，据国家统计局统计显示，我国果树栽培面积达 12 816.67 万 hm²，产量 27 375.03 万 t。果树产业已成为我国种植区产业结构调整、生态环境建设和农民增收致富的支柱产业，也是我国农产品参与国际竞争的优势产业。研究并推广实用、有效的果树提质增效生产技术是实现我国果树产业由产量增长型向质量提高型转变的迫切需要，对于推动我国果树产业持续健康高效发展，提高我国果品的国际竞争力，均具有重大的社会经济意义。

尽管果树面积和产量不断增加，但是优质果品率一直不高，特别是一些时令水果品质下降明显。尽管相关研究人员为此做出大量努力，品质有一定改善，但果实品质的提高仍不理想。因此，通过充分分析影响果实品质的各种因素从而研发相关配套技术以提高果品质量，已成为我国果树产业发展中亟待解决的突出问题。

果实品质形成既受到品种内在遗传特性因素的影响，又受外在的光照、肥水、栽培架式、整形修剪与栽培措施等因素的影响。近些年育种专家选育出大量优良品种，这些品种的推广在某种程度上改善了果实品质，但仍不满足消费者与果农的要求；果树栽培专家从高光效树形的整形与修剪、增施有机肥、铺设反光膜、合理灌溉等方面研究提高果实品质的措施，虽然取得了一定成效，但到目前为止，一些果园的果实品质仍然没有明显提高。许多科研人员从果树生理学角度入手研究影响果实品质的途径，如光能利用、碳同化产物代谢、环境胁迫、激素及信号转导等，这些均是调控果实生长发育的基础，虽未解决果实品质不高的问题，但研究结果为提高果实品质提供了理论支持。

改革开放以来，随着经济水平的不断提高，农业生产条件较以前也有较大改观，传统种植经营方式已经不能适应现在果园的生产模式。由于现在劳动力成本迅速增加，按照传统的种植方式果农的收入与支出基本相当，利润空间急剧缩小。因此，迫切需要根据当前农业生产水平重新寻找与探索更科学高效的栽培方式，以满足实际生产的需求。所以，改进或提出新的栽培理念是当前果树生产研究工作中的重点内容，通过栽培，一方面降低生产成本、减少劳动力消耗；另一方面改善或提高果实的产量及品质，是解决当前果树生产矛盾的关键。但目前，许多研究工作大部分集中在分子或生理水平，对于宏观栽培方面的研究相对薄弱，因此，目前应当运用分子、生理或生态水平的研究结果，进行栽培技术方面的创新，力求通过栽培手段协调环境温度、降水、土壤水分和土壤养分等栽培因素，最终形成一整套栽培管理技术，并通过应用这些技术使中国果品品质得到改善与提升。

由于著者学识水平和能力有限，书中错误与疏漏之处在所难免，敬请各位读者批评指正！

著 者

2017.5

目 录

第一部分

果树高垄栽培增效机制

01

1　引言

1.1　研究背景

进入 21 世纪以来，尽管果树面积和产量不断增加，但是优质果品率一直不高，特别是一些时令水果品质下降明显。例如，通过对市场上出售的桃果实可溶性固形物检测发现，可溶性固形物含量多为 8～11 °Brix，而优质桃果实可溶性固形物含量要求为 12 °Brix（农业部 NY-T 586—2002 鲜桃），可见，市场上桃果实品质不高，并且在一定程度上无法满足消费者的需求。尽管相关研究人员为此做出大量努力，品质有一定改善，但果实品质的提高仍不理想。因此，通过充分分析影响果实品质的各种因素从而研发相关配套技术以提高果品质量，已成为我国果树产业发展中亟待解决的突出问题。

1.2　栽培措施对桃果实品质影响的研究进展

果实的品质是一个非常笼统的概念，主要涵盖感官（外观、质地、口感和香味）、营养价值、果实硬度、食品安全以及果实是否完整等。总之，这些属性赋予果实卓越的品质和经济价值（Abbott，1999）。在桃果实生产中的每一个环节和从生产者到消费者的营销链中，都追寻没有或有较少瑕疵的果实。然而，在产业链中的每一步，果实"品质"在很大程度上是一个变量，果实品质的某些性状根据需要可能具有不同的含义和经济价值。例如，生产者的兴趣在于果实产量高、果实个大和抗病，并减少采摘的工作量。对于包装工、货主，分销商和批发商而言，"品质"定义主要是果实的硬度，他们认为这是一个很好的用来预测果实潜在贮存期和销售期的指标。毛桃和油桃成熟后在室温条件下会迅速软化，因此，需要放在冷库中来减缓这个过程，特别是对某些易软化品种或长途运输的情况下。但是，单纯依靠硬度来评价桃采后的潜在市场价值是错误的和片面的。事实上，如在加利福尼亚州和智利的桃生产中，由于生长发育的原因导致果实褐腐病的发生，从而导致缺乏香味、口感差和果肉褐变，成为限制果实贮藏期和优良品种采后品质的主要因素。对于零售商来说，果实着色面积大、果个大和果实硬度高在以前来说代表着果实品质的主要组成部分，因为他们需要水果对消费者具有吸引力，并且耐贮运和有较长的销售期。从消费者的角度来看，桃果实品质一般都有所下降，主要是由于提前采收、冷害和果实成熟度不够造成的，从而导致消费者不满。此外，"品质"被错误地定义，主要以果实大小和果实颜色来评价果实品质，而其他性状，如果实硬度、糖含量、酸含量和香味等均被消费者作为果实品质的重要组成部分，却完全被种植者和销售者无视。事实上，种植者主要以果实大小作为唯一衡量指标，并不考虑消费者所关注的那些性状。但是，如果他们一旦意识到果实具有诱人的颜色和大小，但是无味、含糖低、香味差和易腐烂，消费者就会选择其他类型的水果，这样就会引起生产者的关注。因此，很有必要引导种植和销售者从消费者的角度来考虑果实的品质，从而重拾消费者对桃产品消费的信心。

此外，现在有越来越多的人关注水果的"品质"还包括营养特性（如维生素、矿物质、膳食纤维）和健康效益（如抗氧化剂），并且这些正在成为消费者喜好的重要因素。试验、流行病学和临床研究表明，饮食在预防慢性疾病，如肿瘤、心血管疾病和动脉粥样硬化等方面具有重要作用。事实上，经常吃一些新鲜水果和蔬菜对预防这些病症具有积极作用（Doll，1990；Ames 等，1993；Dragsted 等，1993；Anderson 等，2000）。

果实"品质"的定义需要更注重消费者的需求，再加上市场营销推广到位，可以显著增加消费者对桃的消费。因为采后桃的消费"品质"就已经定型，再也得不到改善，所以，很有必要了解采前因素对消费者所期待果实"品质"的影响，从而增加桃果实的"品质"促进桃的消费（Kader，1988；Crisosto 等，1997）。

1.2.1　桃果实品质

桃和油桃都是呼吸跃变型果实，其特点是在进入成熟期后开始大量合成乙烯，这与果实本身激素变化、颜色变化、质地、香味和其他生化特征有关。乙烯在桃果实成熟过程中具有关键的作用，它通过调控与果肉成熟软化、着色、和糖积累相关基因的表达以及其他过程（如果实脱落）影响果实成熟（Ruperti等，2002；Trainotti等，2003，2006）。

有关适时采收时间的确定也至关重要，因为果实成熟收获极大地影响了桃果实的潜在销售期和品质。最近，欧洲作为重要的桃生产国，由于提早采收而失去了大量的市场份额。延迟采收可以获得更好的果实感官品质，但加速果实软化和缩短果实贮藏期。事实上，与其他物种一样，桃果实树上的生理成熟和采后桃果实的后熟过程之间有着密切的联系。从另一方面看，水蜜桃和油桃在采后会加快软化进程，这给销售者带来巨大损失，因为这样的果实在人工搬运过程中很容易被擦伤，更容易受到损伤。因此，桃往往在成熟的早期阶段采摘，因而不具有甜美的口感与怡人的香气。

通过测定采收前后桃果实中与乙烯生化合成有关化学物质的含量（如氨基乙氧基，1-甲基环丙烯）来判断果实的成熟度已有报道（Mathooko等，2001；Bregoli等，2002，2005；Ziosi等，2006）。充分了解桃果实成熟过程中各生理指标的变化可以进一步确定果实成熟度，通过应用这些指标可以准确地描述果实成熟阶段各项参数和果实内在品质的变化。

到目前为止，许多研究人员通过仪器来评价果实的品质，主要针对一些传统地衡量果实品质的指标（如果实硬度、可溶性固形物含量和可滴定酸）进行评估。主要使用一些简单的设备（如糖度计、折射仪和滴定仪等）来完成这些指标的测定（Mathooko等，2001；Bregoli等，2002，2005；Ziosi等，2006）。早期的一些研究主要在欧洲和美国进行，主要对可溶性固形物高低与消费者接受程度之间的关系进行了相关研究（Parker等，1991；Crisosto等，1995；Ravaglia等，1996；Anon.，1999）。在加利福尼亚以不低于10％的可溶性固形物含量作为黄肉桃和油桃品质较好的标准（Kader，1995）。在法国低酸品种（可滴定酸含量＜0.9％）的可溶性固形物不低于10％、高酸品种（可滴定酸含量≥0.9％）的可溶性固形物不低于11％作为衡量果实品质的重要的内容（Hilaire，2003）。在意大利，早熟品种不低于10％、中熟品种不低于11％与晚熟品种不低于12％的可溶性固形物含量作为评价黄肉桃果实品质的重要指标（Ventura等，2000）。在加利福尼亚，Crisosto等主要对"Ivory Princess"（白肉、鲜食并且低酸），"Elegant Lady""'O' Henry""Spring Bright"（黄肉、鲜食并且高酸），"Honey Kist"（油桃、黄肉、鲜食并且低酸）等几个品种与消费者接受度的关系进行调查，结果表明，消费者的接受程度与成熟果实可溶性固形物含量或可溶性固形物与可滴定酸含量之比具有高度的相关性，同时也表明，消费者接受度与品种和成熟度有关，但并不是线性相关（Crisosto 等，2005）。

传统果实品质指标的分析既简单，又快速，但是，它并不能考虑品质其他的基本信息，如抗氧化能力、香气挥发性、可溶性糖和有机酸含量。果实品质更准确的定义需要复杂的分析（高效液相色谱法，气相色谱或质谱），但在通常情况下无法实现，因为这需要训练有素的人员在设备完善的实验室中进行。在任何情况下，简单的或更复杂的化学分析只能分析有限的果实，分析结果往往不能代表全部果实的品质（Costa 等，2002，2003）。近年来，大量的研究都集中在无损检测技术上，以评估果实内部品质特性。这些技术拥有众多优点，包括：尽可能多的样品检测，甚至对全部果实进行检测；检测其生理生化数据；对果实品质数据进行实时信息的检测（Abbott，1999）。在所有无损检测技术中，近红外光谱可以快速有效地检测桃果实常规品质性状与主要的有机酸和单糖浓度。此外，这种技术允许对果实的成熟度指标进行新的定义，这些指标主要反映果实乙烯排放和成熟期之间的关系，该指标被称为"吸光度差"（AD），它可以有效地用于确定收获日期，保持果实成熟度一致和依据成熟度进行分级贮藏等（Costa 等，2006）。

最后一个考虑因素是品种，新品种具有更优越的感官特性（低酸、高酸、高可溶性固形物、香气浓和硬溶质等）。同时，也应对新兴市场和具有不同的种族背景的消费群体进行考虑（Liverani 等，2002；Crisosto，2003），分析哪些性状决定消费者的接受度，并依此为标准将品种进行分类，使之更加符合消费者的需求（Crisosto 等，2002，2003）。育种专家应在育种过程中应该把主要的果实品质性状考虑在内，并将其作为一个长期的育种方案，同时，具有特殊性状桃品种的选育有助于品种的推广。

1.2.2　栽培品种和砧木

不同基因型桃（栽培品种和砧木）对果实风味品质、营养组分和采后贮藏等具有重要影响。可溶性固形物和酸度由许多因素决定，如品种（Crisosto 等，1995，1997；Frecon 等，2002；Liverani 等，2002；Byrne，2003）和砧木（Reighard，2002）。对于给定的环境可以通过选择合适的品种来有效降低果实发育紊乱、腐烂病和病虫害造成的损失。自 1970 年以来，主要桃栽培地区

（中国、美国、意大利、西班牙、法国、智利和南非）的研究人员就有关成熟期果实品质和采后贮藏时间的评价等方面进行了深入研究。虽然许多研究者对桃树抗病品种进行了研究，但目前还未研究出抗褐腐病和灰霉病的新品种（Frecon 等，2002；Reighard，2002）。当前的育种目标主要是提高桃产量与改善果实外观，但是，目前还没真正培育出一个消费者满意并且耐贮运的新品种。

1.2.3　矿质营养

矿质营养是影响果实品质和采后贮藏期的重要因素，营养元素的缺失、过度或失衡可导致果实产生病害，从而影响果实的品质。桃树的坐果率由于生产者、栽培地点或品种的不同而不同，但主要与由土壤类型、栽培历史和田间矿质营养条件有关。

1.2.3.1　氮

氮素是目前所有营养元素中研究最多的矿质元素，也是对桃果实品质影响最大的养分元素。从 20 世纪 90 年代初开始，科尔尼农业中心（帕利耶、加利福尼亚州、美国）就氮肥对桃产量和品质的影响进行了深入研究（Daane 等，1995），结果表明，在加利福尼亚桃叶片中氮的含量应保持在 2.6％～3.0％时果实品质较高，并且不会降低桃产量和果实大小（表 1-1）。同样，在意大利东波河流域桃叶片中含氮量在 3.0％时油桃品质最佳（Tagliavini 等，1997；Scudellari 等，1999）。桃和油桃对氮素的缺失表现非常明显，高氮可以促使桃树营养生长旺盛。虽然高氮可以使桃树郁郁葱葱，但过量的氮并不能增加果实大小、产量或提高可溶性固形物的含量。此外，过量施氮会延缓桃成熟，因为它引起桃颜色发育不良和抑制果实表面颜色由绿变黄（图 1-1）。施氮过量时，种植者通常需要延迟收获以等待果实颜色从绿色变为黄色或红色，这样的果实采后软化率非常高并且容易损伤和腐烂。缺氮经常会导致果实品质差、果实个小和产量低。高氮水平下（叶片中含氮 3.6％）果实失水率高于低氮处理（叶片中含氮 2.6％）。有关采后贮藏时果实中氮浓度与果实易患腐烂褐腐病之关系的研究较多（Daane 等，1995）。易感病品种"Fantasia"和"Flavortop"叶片中含氮量超过 2.6％时更易患褐腐病，而当含氮量低于 2.6％时患病症状较轻。通过对高、中、低氮三个处理的"Fantasia"果实进行解剖观察发现，角质层和表皮解剖的变化可以部分解释果实易感病的原因以及不同处理水分流失的差异。

表 1-1 油桃品种"Fantasia"叶片中氮含量与着色比例、
单株产量和单果重的关系

处理 treatment	叶片中氮含量/％ leaf nitrogen content	着色比例/％ coloring proportion	单株产量/(kg/株) yield per plant	单果重/g fruit weight
0	2.7[a]	92[a]	132[a]	131[a]
112	3.0[b]	80[b]	207[b]	166[b]
196	3.1[c]	72[c]	193[b]	168[b]
280	3.5[d]	69[c]	222[b]	169[b]
364	3.5[d]	70[c]	197[b]	167[b]

注：列中值的不同上标分别表示 5％水平差异显著（$P<0.05$）（摘自 Daane 等，1995）

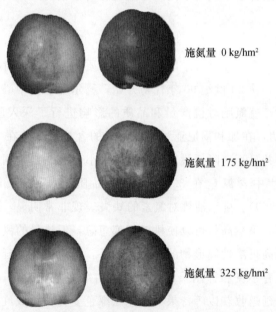

施氮量 0 kg/hm²

施氮量 175 kg/hm²

施氮量 325 kg/hm²

图 1-1 增加施氮量（kg/hm²）对"Fantasia"
油桃着色面积的影响（Crisosto 等，2008）
图中颜色深浅表示果实着色好与差。

1.2.3.2 钙

钙元素参与了植物体内众多生化过程与形态过程，还与某些影响果实采后品质、经济效益和病害有关。钙在苹果、猕猴桃和葡萄中的积累主要集中在果实发育早期，而在桃上，由于它具有持续保持蒸腾效率的能力，所以，一直到收获时钙都持续积累（Tagliavini 等，2000）。叶面喷钙并不能用于改善桃果实品质，在加利福尼亚使用多种叶面钙肥对桃和油桃进行喷施（盛花后 2 周开始，每 14 d 喷施 1 次，直到收获前 1 周），结果表明叶面喷钙对中、晚熟桃果实品质基本无影响（Crisosto 等，2000）。叶面喷雾制剂不影响果实可溶性固形物含量、硬度、腐烂率、果实中钙含量和采后的病害。收获时测定不同品种果实中钙含量在 $200 \sim 300$ $\mu g/g$（干重）。在采前 10 周叶面喷不同浓度钙（0、34、67 和 101 kg/hm^2）发现，随着钙浓度增加，"Jerseyland"果肉中钙含量有所升高（Conwall，1987），101 kg/hm^2 处理果实中钙含量比对照高 70%。最近研究表明，任何钙喷雾制剂在桃和油桃的应用应谨慎对待，因为它们金属元素含量（铁、铝、铜等）较高，可能会改变桃或油桃果皮的颜色（Crisosto等，1999）。在意大利有研究表明，适度叶面喷钙可以降低油桃果实锈斑病发生（Scudellari 等，1995）。

1.2.3.3　钾

钾是桃果实的主要营养物质之一，它随着果实成熟而不断积累，每吨桃果实中钾含量为 $2 \sim 2.5$ kg（鲜重）（Tagliavini 等，2000）。合理的钾肥供应可以提高树的光合速率、糖酸含量，从而有利于改善果实品质。

1.2.3.4　铁

铁作为微量营养元素，桃果实对其吸收相对较少，但是，如果供应不足，不仅影响桃果实产量，还会降低果实品质。在西班牙的一项研究表明，缺铁的桃果实果个只有 47% 可以达到最优标准，而对照为 95%。缺铁也会对果实颜色产生影响，红色桃品种（"Babygold"）在缺铁时可以使果实颜色下降 a 色坐标，增加了 L 和 b 的色坐标（Álvarez-Fernández 等，2003）。

1.2.4　灌溉

水分在果实生长发育中具有重要作用，但是关于灌溉时间与灌溉量对桃果实采收前及采收后品质影响的研究较少（Prashar 等，1976）。早期的研究表明，在加利福尼亚土壤类型条件下，生长季节不进行灌溉可以降低桃产量，但可以增加果实的可溶性固形物和改善果实品质（Uriu 等，1964）。采后减少灌溉（采后胁迫）对早熟桃品质没有影响，但是亏缺的时间间隔对果实有重要影响。在夏季，中、晚期增加对早熟桃品种"Regina"水分胁迫（50% ET）可使果实深缝线合加深和双果实的形成（图 1-2，Johnson 等，1992）。

常规亏缺灌溉技术（RID）应用在不同的生产领域，也包括桃生产上（Chalmers 等，1981；Mechlia 等，2002；Girona，2002；Goldhamer 等，2002）。在一般情况下，这种技术适度增加了水分胁迫（30% ～ 50% ET），在

**图 1-2　在夏季后期水分胁迫导致水果缺陷，如深缝
合线和双果实的形成（Johnson 等，1992）**

特定的生长发育阶段进行亏缺灌溉可以达到减少营养生长和节水的目的(4%～
30%)，但不会对产量产生影响。多数研究认为，桃具有双 S 形果实发育特点，
在第二阶段水分胁迫会对果实的生长产生影响（Goldhamer 等，2002）。在某
些情况下，RID 技术除了节水，还可以增加果实大小和可溶性固形物的含量。
研究表明，RID 技术与当地的气候条件、土壤厚度和成分、果实生长阶段和负
载量有关（Berman and DeJong，1996；Girona，2002）。在加利福尼亚，采收
前 4 周采用三个不同灌溉制度对'O'Henry 桃进行灌溉，即①正常灌溉
（100% ET），②过量灌溉（150% ET），③RID 灌溉（50% ET），结果表明产
量、果实硬度、着色面积、酸度和 pH 均未受到影响，RID 处理的平均单果重
较低，但可溶性固形物含量明显高于其他处理（Crisosto 等，1994；Johnson
and Handley，2000）。成熟的黄肉桃和油桃的可溶性固形物含量高于 10% 且可
滴定酸低于 0.7%，消费者接受程度较高，因此，虽然 RID 处理与其他处理相
比果个较小，但具有较高的可溶性固形物，更受消费者青睐。Parker 等从经济
价值方面研究表明，可溶性固形物含量较高的桃有较高的零售价（Parker 等，
1991）。三种灌溉制度（100%，50% 和 150% ET）'O'Henry 桃储藏在 0℃ 或
5℃ 冷库中，在 2、4 和 6 周后未对果实品质产生明显影响。RID 处理果实的失
水率明显低于 150% 或 100% ET 处理。150% ET 处理果实 24 h 后失水率比
50% 或 100% ET 处理高出 35%。通过显微技术对果实表皮研究表明，与
150% ET 处理相比，50% 和 100% ET 处理果实有具有连续并较厚的角质层和
高密度的毛状体，这种外皮层结构的差异可以解释 150% ET 处理桃果实失水
率明显高于其他处理（Crisosto 等，1994）。

目前，有研究人员在加利福尼亚气候条件下进行了常规亏缺灌溉（RID）
和分根交替灌溉（PRD）对桃树生长发育影响的研究（Goldhamer 等，2002）。

PRD 处理中部分根区持续干旱可以导致叶片气孔关闭。经过 2 年的研究表明，RID 和 PRD 处理对桃产量和果实品质影响基本相同。除了少数的研究全面系统地研究水分管理措施和条件及其对采后品质影响，通常很难从现有灌溉制度的研究报道中分析总结出水分管理的作用。

1.2.5　冠幅调控

对于大多数品种而言，疏果可以提高果实的大小，同时也降低了总产量，因而需要在果个大小与产量之间寻找一个平衡点。对于果实容易开裂的品种不能大量疏果，在某些情况下，果个大小、可溶性固形物和可滴定酸含量并不影响裂果。而对于其他一些品种，过高的负载量不利于果实的成熟。在一般情况下，可以在树上成熟的果实数目将取决于品种和果园水肥条件，有关品种与负载量的关系，应对不同品种进行详细的研究，不能给出统一的定论。从目前研究可以看出，产量最高时利润并不一定最大，因为果个较大可以带来更高的市场价格。此外，当前新的市场趋势主要是更加注重果实品质，不同国家的研究人员就负载量和果实品质的关系进行了研究（Forlani 等，2002；Giacalone 等，2002；Luchsinger 等，2002；Costa 等，2003a），结果表明，油桃"May Glo"和晚熟桃品种'O'Henry 负载量大时降低了果实的大小和可溶性固形物的含量。桃品种'O'Henry 负载量较高时可以导致褐腐病发生率升高。一般来说，高负载量的桃树上果肉褐腐病发生率很低，常规负载量发生率一般，低负载量发生率最高（Crisosto 等，1997）。

对不同产区不同树冠位置的几个桃品种果实进行品质的测定，结果表明，树冠内部与外部果实的可溶性固形物含量、酸度和果个大小差异较大（Marini 等，1991；Crisosto 等，1997；Iannini 等，2002）。通过近 10 年的研究发现，生长在高光环境下的桃果实比生长在低光环境下的桃果实具有更长的贮藏期，研究还发现，与低光环境相比，高光环境果实的褐腐病的发生率明显下降（图 1-3）。因此，生长在树冠外围的果实具有更长的贮藏期，特别是对于易感褐腐病的品种，可以明显降低果实的发病率。通过整形修剪技术增加内膛光照可以提高优质果品率以及延长采后贮藏期（Crisosto 等，1997）。

在适当的时候进行夏季修剪和去除果实周围的叶片可以增加果实的颜色，而不会影响果实大小和可溶性固形物的含量。在接近果实成熟期时过度去除叶片可同时降低果实大小和可溶性固形物的含量（图 1-4）（Crisosto 等，1997；Day，1997）。采收前 6 周进行环剥可以增加桃和油桃果实果个大小，并加速果

图 1-3　果实在树冠位置会影响果实的大小、

贮藏期和着色（Crisosto 等，1997）

图 1-4　果实周围叶片去除提高了果实红色但会

降低果实的大小（Crisosto 等，1997）

实成熟（图 1-5）。环剥在某些情况下还可增加果实的酸和酚类物质的含量，所以可溶性固形物含量增加的效果可能被掩盖。在硬核期进行环剥可引起桃和油桃的裂核。裂核的桃果实与不裂核的相比更易软化，并且易感病。

　　有研究表明，使用不同的折光材料可以改善桃果实颜色、增加果个大小和加速果实成熟的效果，并且根据品种、果园生产状况和位置而不同（Layne 等，

图 1-5　桃主干上环剥可促进果实成熟和提高
果实的大小（Crisosto 等，1997）

2001；Fiori 等，2002）。在加利福尼亚州漫长而炎热的生长季节，林冠修整主要包括抹芽和去除果实周围的叶片，这些措施是在枝叶生长茂盛时获得红色桃果实的必要手段。此外，即使反光膜使光到达了树冠内部，但由于成熟时持续的高温原因，并未观察到反光膜可以改善果实的颜色。

尽管有关采前因素可以影响消费品质的研究有限，但已有的研究证明果实品质、销售期和生理疾病都与采前因素有关。为了最大限度地发挥"果园优质果品的潜力"，所有影响质量的采前因素必须由果树生理学家进行调查，并通过果树学家进行解释。同时，今后更多更细致的工作应放在桃品质与消费者满意度之间关系的研究上，了解这些因素是如何调控消费品质的细节并进行相关市场调查，将有助于增加桃的销售量（Crisosto，2002）。

1.3　桃果实中糖酸对果实品质影响的研究进展

桃（*Amygdalus persica* L.Batsch）属于蔷薇科（Rosaeeae）李属（*Prunus* L.）桃亚属（*Amygdalus* L.）植物。在我国桃栽培发展历史悠久，早在 4 000 多年前桃就被人类认识、利用。在中国大约 80％的桃树种植在北方，栽培面积为 108 万 hm²（中国农业统计年鉴，2009），主要分布在北纬 30°～ 40°，以北方品种为主，成熟期集中在 6～8 月。现在与过去相比，栽培面积虽然迅速提高，但在市场上出售的桃果实品质不佳的问题更加凸显。因此，提高桃果品质量，已成为我国桃产业发展中亟待解决的突出问题。

桃果实的品质由内在与外在品质两方面决定。内在品质主要指果实质地及风味，如甜、酸与芳香气味等，外观品质主要指果实大小、形状与颜色等（贾惠娟等，2004）。桃果实甜酸风味是评价桃果实品质的核心指标，而糖、酸含量是影响果实甜酸风味的关键因素，因此，桃果实中可溶性糖与有机酸含量及其比值成为研究糖酸对果实甜酸风味影响的重点内容。另外，果实甜酸风味差异主要与果实中积累糖酸种类不同密切相关。有关研究表明，果实中各糖组分的甜度值各不相同，如果把蔗糖的甜度定为100，则果糖、葡萄糖和山梨醇的甜度分别为175、75和60（Pangborn，1963；Doty，1976；王艳秋等，2008）。对于果实中的酸组分而言，如果将柠檬酸的酸度设为1.0，则苹果酸的酸度为1.2。由于不同糖、酸组分甜度与酸度不同，因此，果实中积累不同的糖、酸组分会对果实甜酸风味产生重要影响。例如，假设桃果实中积累的总糖含量一定，则提高果实中果糖积累含量可以明显增加果实的甜度。总之，果实中积累的糖、酸组分及其比例成为改善桃果实甜酸风味及品质的焦点，研究果实中糖、酸组分含量的变化以及它们的代谢过程为从生理水平研究改善果实甜酸风味及其品质形成提供参考。

1.3.1　桃果实中糖酸含量对品质的重要性

植物叶片中光合作用产生的有机物是果实中糖的主要来源，环境中的光照促使叶绿体光反应中心光解水产生氧气，并将光能转变成化学能，产生 ATP、NADPH 和 H^+，为暗反应固定环境中的 CO_2 提供还原剂和能量，然后经过卡尔文循环之后，合成大量的光合同化产物。光合同化产物在在叶肉细胞的细胞质中以蔗糖或山梨醇的形式进行存储和运输。运输主要有两种方式：短距离运输与长距离运输，最终光合产物经过筛管运输到库，即果实细胞中。山梨醇和蔗糖在细胞中经过复杂的代谢过程转换成其他糖分并积累在液泡中。在果实生长发育前期，光合产物主要以多糖的形式贮藏于果实细胞中，随着果实成熟，与蔗糖代谢相关的酶活性（蔗糖合成酶、蔗糖磷酸合成酶、转化酶和淀粉酶）增强，使果肉细胞中蔗糖、葡萄糖和果糖等可溶性糖含量不断升高。

蔗糖、葡萄糖、果糖和山梨醇是桃果实中主要的糖类物质，其含量顺序为蔗糖＞葡萄糖＞果糖＞山梨醇（牛景等，2006）。由于各种糖的种类、含量及甜度的不同，所以，它们的含量及其比值对果实甜度具有重要影响。苹果酸、柠檬酸、奎宁酸和莽草酸是桃果实中有机酸的主要组成部分，苹果酸和奎宁酸在未成熟桃果实中含量较高，而在成熟果实中苹果酸与柠檬酸含量较高，奎宁酸与莽草酸含量较低。Zampini 与 Souty 等在对猕猴桃中不同酸组分对口感影响的研究中发现，虽然苹果酸的酸度高于柠檬酸，并且酸性持续时间比柠檬酸长，但是人们先感觉到柠檬酸，之后才感觉到苹果酸（Zampini 等，2008；Souty 等，1975）。因此，酸的组分及其含量不同，对果实口感影响较大。

果实的甜酸风味虽然与果实中可溶性与有机酸的含量相关，但主要还受它们之间比值的影响。左覃元等研究桃果实风味与糖酸比之间关系时发现，当糖酸比小于 10、酸含量在 0.5% 以上并且 pH 低于 3 时，果实风味偏酸，当糖酸比小于 20、酸含量在 0.3% 以下并且 pH 高于 4 时，果实风味偏甜（左覃元等，1996）。宋火茂对 100 多个桃品种固酸比与果实风味之间关系进行研究发现，固酸比高于 27 时，果实风味比较甜；固酸比小于 14 时，果实风味较酸；固酸比位于两者之间时，果实甜酸风味变化不定，是甜酸的一个过渡区（宋火茂，1992）。由此可见，果实中糖酸比例在很大程度上与果实的甜酸风味品质关系密切。

可溶性固形物（soluble solids content）主要指可溶性糖类物质或其他可溶性物质的总称，同时，它也是衡量消费者对桃果实品质接受程度和是否购买的重要指标。Crisosto 等对可溶性固形物含量与消费者接受程度及是否购买的研究中发现，当桃果实的可溶性固形物含量高于 11 °Brix 时，消费者的接受程度会达到 90% 左右，而在可溶性固形物含量低于 11 °Brix 时，消费者的接受程度明显下降，一般不愿意购买（Bassi and Selli，1990；Crisosto and Crisosto，2005；Crisosto 等，2003；Crisosto 等，2004）。由于果实可溶性固形物的测定比较方便快速，因此，经常选择可溶性固形物含量作为初步衡量桃果实品质优劣的一个重要指标。

1.3.2 生态环境条件对糖酸含量的影响

生态环境中的水分、温度、光照和地形等生态环境因子对果树的生长发育具有重要影响，是指导果树区域划分与实现果树丰产优质栽培的基础。在所有生态环境因子中，水分是与果树生产联系最紧密的环境因子。当前，在果树生产中通过增加灌溉在一定程度上提高了产量，但却显著降低了果实的风味，并导致越来越多的消费者抱怨"桃没有桃味"。一般来讲，果树生长发育后期增加水分供应使果实中可溶性糖和有机酸含量降低（齐红岩等，2004；刘明池等，2008；孙宏勇等，2009；李绍华，1993；Fereres 等，2007）。目前，果树水分的主要研究方法为调亏灌溉，主要研究不同的水分胁迫时间、持续时间及胁迫强度对果实风味及品质产生的影响。调亏灌溉的原理主要为在保证果树对水分需求的条件下，在某一生长发育时期对果树进行适度的水分亏缺，不但对产量没有影响，还能在一定程度上提高果实可溶性固形物和可溶性糖含量，从而改善果实的品质。雷廷武等研究表明，在桃树生长发育前期进行亏缺灌溉对果实中可溶性固形物含量无影响，但生长发育后进行亏缺灌溉使果实中可溶性固形物含量显著提高（雷廷武等，1991）。Yakushiji 等应用同位素示踪标记方法研究亏缺灌溉对蜜柑果实中光合产物的分配发现，适度亏缺灌溉促使光合同化产物向果实中积累，并且适度亏缺灌溉处理果实中可溶性糖含量显著高于与严重缺水与常规处理（Yakushiji 等，1998）。适度亏缺灌溉条件下可诱导产生脱落酸，并且脱落酸活性明显上升，同时脱落酸促使山梨醇氧化酶活性也明显上升，表明水分胁迫可以果实中山梨醇转化为其他糖类，从而提高果实中可溶性糖的含量（张永平等，2008；Kobashi 等，2000）。

不同的水分供应也影响果实糖、酸组分含量，关于水分供应对果实酸度影响的结果不尽相同。增加灌溉可以降低桃果实中有机酸的含量，但对苹果酸和柠檬酸两种酸组分之间的比例影响不大，并且对于果实中有机酸的季节性变化影响也较小（Wu 等，2002）。Mills 等对不同灌溉量对苹果中可溶性糖含量影响的研究表明，灌溉处理果实中蔗糖、葡萄糖、果糖和山梨醇、可溶性固形物和可滴定酸含量低于未灌溉处理（Mills 等，1996）。在猕猴桃、苹果和葡萄中的研究表明，灌溉量会影响到果实酸的含量，灌溉降低了猕猴桃、苹果果实中可滴定酸含量，但增加了葡萄果实中可滴定酸的含量（Miller 等，1998；Esteban 等，1999）。Mpelasoka 等在苹果上的研究表明，亏缺灌溉时期可以明显影响果实中可滴定酸的含量，主要表现为前期亏缺灌溉使果实中可滴定酸含量提高，后期亏缺灌溉对果实可滴定酸含量影响较小（Mpelasoka 等，2000）。在柑橘上研究表明，膨大期至成熟期亏缺灌溉可显著提高果实品质，提高果实中可溶性糖的含量，在严重水分胁迫时会使果实中酸的含量增加（González-Altozano 等，2000；陈杰忠，2003）。

光是比较重要的生态因子，是调节叶片光合作用的重要的信号，对果实中糖的积累具有直接影响。曲泽州等研究表明，在增加光照条件时可使苹果果实中可溶性固形物含量提高，使酸含量降低（曲泽州等，1989）。吴光林等通过遮光处理研究光强与可溶性固形物含量的关系时发现，随着光照强度的降低葡萄果实中可溶性固形物含量也随之降低（吴光林等，1992）。在对夏橙树冠不同部位果实可溶性固形物与固酸比的研究中发现，树冠外部果实明显高于内膛（Cheng 等，2002）。Watson 等通过遮光处理研究草莓果实中蔗糖与糖酸比关系时发现，在成熟前 1 周进行遮光处理降低了果实中蔗糖在所有糖组分中的比例，糖酸比也有所降低（Watson 等，2002）。陈俊伟等对蜜柑进行遮光处理也有类似的发现，即遮光处理使果实中蔗糖含量比对照低13％（陈俊伟等，2007）。果实中酸的含量也受光照条件的影响，Kliewer 等研究表明，减少葡萄植株叶片的光照时间，增加了果实中有机酸的含量（Kliewer 等，1971）。

温度是对果树生长发育具有重要影响的环境因子，也是研究较多的一个生态因素，生长期间的温度可以改变果实中糖酸的含量。曲泽洲等研究发现，在寒冷地区梨果实中糖含量明显低于温带地区，而果实中酸的含量则相反（曲泽洲等，1980），而在苹果、葡萄、柿、菠萝、温州蜜柑、酸樱桃等多种果树上同样发现类似的规律（张光伦，1994）。利用^{14}C 示踪标记方法研究不同夜温对果实中糖含量影响的研究表明，当夜温较高时果实中^{14}C 的光合产物含量较高，而在夜温较低时，叶片中^{14}C 标记的光合产物较低，说明夜温升高有利于光合产物向果实运输（张上隆，2007）。在草莓中的研究表明，在夜温 12℃、昼温 18℃时有利于果实中糖的积累（Wang 等，2000）。温度对果实中酸的含量具有重要影响，一般温度较高时，果实中酸含量较低。Kliewer 等研究表明，葡萄果实中苹果酸随着成熟期温度的升高其含量不断降低（Kliewer，1971）。Jones 等通过 30 年连续观测有效积温与果实中有机酸含量关系发现，随着有效积温的升高，果实中酸含量逐渐降低（Jones 等，1965）。吴光林等研究表明，随着积温增加，甜橙果实中酸含量不断下降（吴光林等，1992）。在猕猴桃中研究发现，不同时期高温对果实中酸含量影响并不一致，在果实发育前期高温处理提高可滴定酸的含量，而在果实发育后期高温处理对可滴定酸含量无明显影响（Richardson 等，2004）。Richardson 等研究认为不同的酸分解需要的温度并不完全相同，因此，高温条件下果实中酸含量降低可以与某些酸被分解有关（Richardson 等，2004）。

1.3.3 桃果实中糖的代谢及其调控研究进展

在植物中糖主要以蔗糖的运输形式进行运输，不同植物种中糖的运输形式见表 1-2（Ziegler 等，1975）。在园艺作物中，山梨醇、蜜三糖、水苏糖、甘露醇和蔗糖是糖的主要运输形式。每种糖在果实中又转化成其他形式的糖。例如蔗糖被蔗糖转化酶分解为葡萄糖和果糖，被蔗糖合成酶分解为果糖和 UDP-葡萄糖。山梨醇被山梨醇脱氢酶分解为果糖或葡萄糖。蜜三糖和水苏糖分别被α-牛乳糖酶和蔗糖转化酶分解为半乳糖、葡萄糖和果糖。甘露醇被甘露醇脱氢酶分解为果糖。

表 1-2　园艺作物中糖的运输形式

园艺作物	糖运输形式
柑橘、柿子、番茄、葡萄、草莓、香蕉等	蔗糖
苹果、桃、梨、樱桃、李子、枇杷等	山梨醇、蔗糖
甜瓜、黄瓜、南瓜等	蜜三糖、水苏糖、蔗糖
芹菜、西芹、橄榄等	甘露醇、蔗糖

在桃树叶片中产生的光合同化产物主要为蔗糖和山梨醇，但主要以山梨醇的形式从叶片运输至果实中。叶片中的光合同化产物运输至果实中的主要生理步骤详见图 1-6，它从比较宏观的角度描述了光合产物从源到库运输的一个完整过程，主要涉及光合同化产物的运输、卸载、代谢、转化和储存。一般来讲，糖类从韧皮部卸载到果实内有两种途径：质外体（Konishi 等，2004；Oparka，1990；Aoki 等，2006）和共质体途径（Ruan 等，1995）。这两种途径或者共存，或者分别在不同的时期出现。当糖在果实卸载后，通过跨膜运输被运送至细胞质中，并进一步转化为其他物质，如作为细胞组成的物质、转化为糖等物质储存起来或为细胞生长发育提供能量。蔗糖是成熟桃果实中主要的可溶性糖，在相关酶的催化调控下分解产生磷酸葡萄糖和果糖，前者进入造粉体，作为淀粉合成的底物；后者直接进入液泡积累起来（牛景等，2006；Yamaki，1984）。在成熟桃果实中山梨醇含量较低，它在果实中被山梨醇脱氢酶和山梨醇氧化酶的催化下分解为果糖和葡萄糖，储存在液泡中；未被转化的山梨醇则主要存在于质外体和细胞质中（孟海玲等，2007；Yamaki，1984）。糖类物质在细胞内的贮存场所为液泡，其中存储着丰富的单糖、二糖和多糖以满足果实各种代谢活动对能量的需求（Yamaki，1984）。

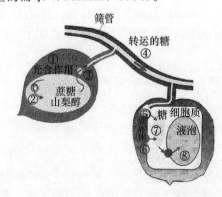

图 1-6　光合产物从叶片运输至果实的主要生理步骤

①光合作用；②转运糖的合成；③装载；④转移运输；⑤卸载

⑥跨膜运输；⑦代谢转化；⑧糖的区室化

　　糖的种类及其含量从某种程度上决定了果实的品质，深入了解果实内糖代谢积累机制有助于科研人员通过栽培手段来调控与提高果实糖含量或者从分子水平有目的地改良品种。在桃果实中，光合同化产物进入果实后，经过一系列糖代谢相关酶的催化，最终转换成蔗糖、葡萄糖及果糖等形式，在这些过程中蔗糖合成酶（SS）、蔗糖磷酸合成酶（SPS）、酸性转化酶（AI）、中性转化酶（NI）、果糖激酶（FRK）、山梨醇脱氢酶（SDH）和山梨醇氧化酶（SOX）等起了重要的作用。其相关反应底物、催化产物及在细胞内的反应场所见表1-3。以山梨醇为主要运输形式的桃、苹果、梨等蔷薇科植物果实中，蔗糖合成酶、蔗糖合成酶被认为是影响果实糖代谢的关键酶，这与Yamaki把高等植物糖分积累的类型分为SS型、SPS型、SS/SPS型和酸性转化酶这四个类型相符合（Yamaki，1994；Moriguchi等，1990；Moriguchi等，1992；王永章等，2001）。

表1-3　细胞内糖代谢相关酶反应底物、催化产物及反应场所

糖代谢相关酶 sugar metabolizing enzymes		反应底物 substrates	催化产物 catalytic products	细胞内位置 intracellular location
蔗糖合成酶（SS）		蔗糖	UDPG和果糖（可逆）	细胞质
蔗糖磷酸合成酶（SPS）		UDPG和6-磷酸果糖	蔗糖磷酸→蔗糖（不可逆）	细胞质
酸性转化酶（AI）	可溶	蔗糖	己糖→蔗糖；葡萄糖和果糖	液泡
	不可溶	蔗糖	己糖→蔗糖；葡萄糖和果糖	细胞壁
中性转化酶（NI）		蔗糖	己糖→蔗糖；葡萄糖和果糖	细胞质
果糖激酶（FRK）		果糖；果糖和6-磷酸果糖	6-磷酸果糖；淀粉	细胞质
山梨醇合成相关酶	山梨醇-6-磷酸脱氢酶（S6PDH）	6-磷酸山梨醇和6-磷酸葡萄糖	山梨醇	叶绿体、细胞质（叶片）
山梨醇相关催化酶	NAD山梨醇脱氢酶（NAD-SDH）	山梨醇	果糖（可逆）	细胞质
	NAPD山梨醇脱氢酶（NAPD-SDH）	山梨醇	葡萄糖（可逆）	细胞质
	山梨醇氧化酶（SOX）	山梨醇	果糖和葡萄糖（不可逆）	细胞质

在果肉细胞中主要有 4 个糖代谢过程与糖的合成与分解相关，这几个代谢过程相互转变控制着细胞内糖的组成与含量，因此，直接影响着果实的甜酸风味。图 1-7 是细胞内糖代谢的主要过程，从图中可以看出，第一个主要过程是在细胞质中，蔗糖合成酶分解蔗糖成为 UDPG 和果糖，蔗糖磷酸合成酶促使 UDPG 和 6-磷酸果糖成为蔗糖；第二个主要过程在质外体中，蔗糖被转化酶分解。第三个主要过程在液泡中，转化酶分解蔗糖成为葡萄糖与果糖。最后一个主要过程在造粉体中，蔗糖被淀粉合成酶和淀粉磷酸合成酶合成淀粉（Nguyen-Quoc 等，2001）。这 4 个主要过程之间并不是各自独立，而是彼此之间相互联系，这些过程产生了大量的中间产物，这些产物又促使其他过程得以顺利进行。

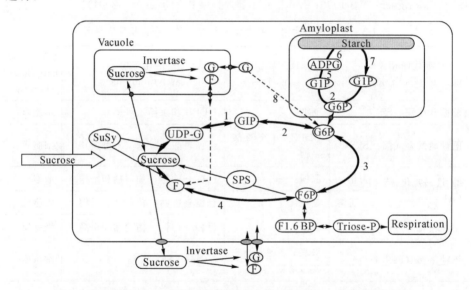

参与各代谢过程的酶：1. 尿苷二磷酸葡萄糖焦磷酸合成酶；2. 葡糖磷酸变位酶；
3. 磷酸葡糖异构酶；4. 果糖激酶和己糖激酶；5. 腺苷-二磷酸葡萄糖焦磷酸合成酶；
6. 淀粉合成酶；7. 淀粉磷酸合成酶；8. 葡萄糖激酶和己糖激酶

图 1-7　果实中糖代谢相关的循环过程（Nguyen-Quoc 等，2001）

糖是细胞内重要的渗透调节物质，通过不断合成、分解及其在细胞内的分内布，调整细胞内膨压，从而促进果实的生长发育。与糖代谢相关酶在代谢过程中相互作用，协同工作调节着果实细胞中各糖组分的含量。例如，与蔗糖代谢有关有蔗糖合成酶、蔗糖磷酸合成酶和转化酶等，它们协同作用调节着果实中蔗糖、葡萄糖和果糖的含量。Hubbard 等在研究香瓜果实细胞内蔗糖与各种

酶之间关系时发现，SPS-（AI＋NI＋SS）的活性与蔗糖含量的相关性为 0.85
（Hubbard 等，1989），而在蜜柑中也有类似的发现，即 SPS＋SS$_{合成}$-AI-NI-
SS$_{分解}$的活性与蔗糖含量相关关系较高（赵智中等，2001）。因此，在研究果实
中糖代谢与积累时，综合考虑各种酶的协同作用，从而更加真实地发现酶活性
与糖含量之间的关系。

　　胁迫和激素对糖代谢影响的研究较多，激素是植物组织间、胞间信息传
递和胞内信号转导系统中最基本化学物质，在各种水平上调节植物生理生化
过程，而不同的胁迫又会诱导各种激素的产生，会明显影响园艺植物果实的
产量和品质。生长素对植物体内光合产物分配起到极其重要的调节作用，涉
及诸多的环节，如糖在源中的装载和库中的卸载，以及在库细胞中的代谢，
胞间连丝的通透性等。激素有助于促进各糖组分的吸收与积累，脱落酸
（ABA）可刺激液泡膜上 H$^+$-ATPase 和各种糖载体的活性，从而促进糖以主
动运输的形式跨过液泡膜积累到液泡中，此外 ABA 还可以提高质膜的通透
性，促进糖直接进入果实（Peng 等，2003）。10^{-5} mol/L ABA 处理有效促进
桃果肉对^{14}C-山梨醇、果糖和葡萄糖有吸收，但对山梨醇载体介导的吸收最
为明显，ABA 处理还控制山梨醇从桃果肉的渗出，10^{-5} mol/L ABA 应用于
发育中果实增加了桃果实中糖积累（Kobashi 等，2001）。IAA 可以促进质膜
H$^+$-ATPase 的合成，从而提高山梨醇主动进入果实细胞（库）的能力（Ya-
maki 等，1991）。

　　表 1-4 是胁迫和激素对糖代谢相关酶活性的调控，在不同的胁迫类型中，
盐胁迫和干旱胁迫提高蔗糖磷酸合成酶的活性，从而促进蔗糖的合成；渗透胁
迫促使蔗糖合成酶和转化酶活性的升高，蔗糖被分解为葡萄糖、果糖等形式，
有利于提高渗透压维持细胞正常生长；对于激素来讲，GA3 和 ABA 使转化酶、
蔗糖合成酶和蔗糖磷酸合成酶的活性增加，使细胞的代谢水平提高，加速细胞
生长发育的进程；IAA 使转化酶的活性降低，促使果实积累己糖从而加快细胞
分化，促使细胞扩大，从而使果实表现为生长。许多关于激素和胁迫对转化
酶、蔗糖合成酶和蔗糖磷酸合成酶活性的影响，在不同的物种间负面调控的作
用很少，所有调控均是促使有利植物抗逆的方向发展。许多研究表明各种胁迫
最终也是通过影响激素的水平来影响对糖代谢相关酶的活性。因此，激素可能
是非常有效的控制植物生长发育的调节物质。

表1-4 胁迫和激素对糖代谢相关酶活性的影响

影响因子 factors	试验材料 materials	酶活性 enzyme activity	升高（↑）/降低（↓） increased（↑）/ lower（↓）	参考文献
低温	猕猴桃	SPS	—	（Langenkämper 等，1998）
盐胁迫	番茄	SPS	↑	（Carvajal 等，2000）
干旱胁迫	桃叶片	SPS	↓	（Lo Bianco 等，2000）
渗透胁迫	马铃薯	SuSy、AIV	↑	（Wang 等，2000）
	马铃薯	SPS	↑	（Wang 等，2000）
GA3	豌豆	BAIV	↑	（Wu 等，1993）
	甜瓜种子	SuSy	—	（Kim 等，2002）
	香蕉	SuSy	↑	（Rossetto 等，2003）
ABA	葡萄	VAIV、BAIV	↑	（Pan 等，2005）
	苹果	BAIV	↑	（Pan 等，2006）
	草莓	SuSy	↑	（Saito 等，2009）
IAA	甜瓜	SuSy、SPS	↑	（Li 等，2002）
	高粱	SPS、AIV	↑	（Bhatia 等，2002）

注：↑表示升高，↓表示下降，—表示无影响

1.3.4 果实中有机酸的代谢研究进展

有机酸广泛存在于植物的果实液泡、叶绿体和线粒体中，主要有苹果酸、柠檬酸和抗坏血酸等脂肪族羧酸，以及奎宁酸、水杨酸、咖啡酸等芳香族有机酸，在植物具有重要的生理作用，如参与光合作用，呼吸作用，调节渗透压，与钾、钠、钙、生物碱等合成盐平衡阴阳离子（张上隆，2007；Zampini 等，2008）。有机酸还是参与植物体内糖、脂类和蛋白质代谢的主要物质。

果实中通常以一种酸为主，如桃、李、梨、香蕉和枇杷果实中主要以苹果酸为主，柑橘和菠萝中主要以柠檬酸为主，而葡萄中主要以酒石酸为主（陈发兴等，2006）。苹果酸是桃果实中主要的酸，它是一种四碳二羧酸，有左旋与右旋两种旋光异构体（胡军瑜等，2009），在果实发育初期，果实中酸含量较高，随着果实成熟，果实的呼吸作用以及其他物质代谢活动加强，一部分有机酸经呼吸作用转变成水和 CO_2，一部分与其他离子结合生成盐，从而导致桃果实中有机酸含量降低，因此，有机酸含量的变化间接影响到果实的品质。另

外，桃果实中还含有少量奎宁酸和莽草酸，由于它们与芳香物持的合成有关，因而它们的含量会影响果实芳香化合物的生成，也会间接影响到果实的品质（白宝璋，1992）。

植物细胞中有机酸产生的主要途径详见图 1-8（汪建飞等，2007）。有机酸的代谢是一个极其复杂的生理过程，参与代谢的酶主要包括：磷酸烯醇式丙酮羧化酶（PEPC）、柠檬酸合成酶（CS）、乌头酸酶（ACO）、NADP 型异柠檬酸脱氢酶（NADP-ICDH）、苹果酸脱氢酶（NAD-MDH）、NADP 型苹果酸酶（NADP-ME）、质子腺苷三磷酸水解酶（V-ATPase）和无机焦磷酸水解酶（V-PPase）。果实中有机酸的来源主要有两个途径：①从根和叶中输入至果实。主要证据为果实采摘后有机酸含量停止增加；去叶枝上果实中酸含量低于不去叶枝果实（曾骧，1992）；葡萄果汁中酸含量随着留叶量增加而增加（黄辉白，1981）；利用同位素示踪技术研究发现含有 ^{14}C 苹果酸从叶片被运输至果实葡萄果实中。②果实本身合成或转化。主要证据为果实可以进行暗反应合成有机酸；利用同位素示踪技术研究发现用 $^{14}CO_2$ 饲喂伏幼果在汁胞组织中发现了 ^{14}C（Bean 等，1960）；柠檬酸合成途径的提出（Haffaker 等，1959）；果实中三羧酸循环可以产生许多种酸。总之，果实有机酸代谢产生途径极其复杂。

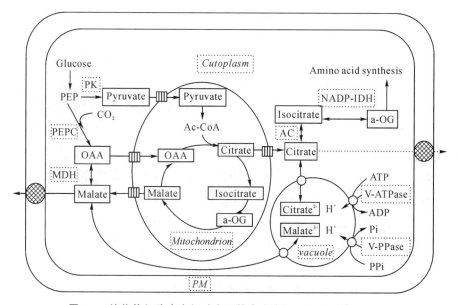

图 1-8　植物体细胞内有机酸主要的产生途径（汪建飞等，2006）

果实生长发育过程中有机酸含量呈现季节性变化规律，一般来讲，果实生长发育早期含量较高，随着果实成熟其含量逐渐下降（Diakou 等，2000；

Svanella 等，1999）。在桃果实中第一次快速生长时以积累苹果酸为主，在第二次快速生长时以积累柠檬酸为主，达到成熟时果实中两者含量同时下降（Masia 等，1992；Moing 等，1998；Etienne 等，2002）。在苹果中也有类似发现，在生长发育初期，苹果酸含量较少，在生长发育中期，苹果酸含量快速增加，在果实成熟时苹果酸含量有所下降（曾骧等，1982）。果实不同部位中有机酸含量也存在较大差异，如葡萄中主要的机酸分布在果皮中，而种子中含量较少（Lamikanra 等，1995）。在猕猴桃果实中，外皮层奎宁酸含量最高，而果心、外皮层和内皮层中较低（Macrae 等，1989）。

不同品种中果实的有机酸含量在成熟期均表现出下降的趋势，关于有机酸水平下降的可能原因为：①稀释作用，果实体积增大，水分大量进入；②参与呼吸作用（糖酵解、三羧酸循环）和作为糖原异生的底物；③由于果实中酶类及活性改变，有机酸合成受抑制；④从叶输入果实的有机酸减少（张上隆，2007）。

1.3.5　果实细胞内糖酸分布的研究进展

果实液泡中贮藏着与果实品质相关的各种物质，例如，糖类、有机酸、酚类物质、花色素类、生物碱和各种矿物质。糖主要积累在液泡中并且能够产生较大的膨压。但是关于新鲜果实液泡中糖含量的报道较少，可能是分离完整的液泡难度太大。Yamaki 等从未成熟苹果中分离出完整液泡，从而测定出液泡内糖的总量为 706 mol/L，其中果糖、葡萄糖、蔗糖和山梨醇含量分别为 396、295、1 和 14 mol/L，在原生质体内的糖含量为 67 mol/L 时这些糖在液泡内产生大约 14 atm 的膨压（Yamaki，1984）。根据隔室分析方法，甜菜根的液泡内部和外部自由空间中分别包含 514 和 63 mol/L 蔗糖，同时这些糖产生约 10 atm 的膨压（Saftner 等，1983）。成熟苹果中总糖为 937 mol/L，其中蔗糖、果糖和葡萄糖含量分别为 124、149 和 613 mol/L，当非原生质体糖含量为 440 mol/L 时产生大约 11 atm 膨压（Yamaki 等，1992）。Ofosu 等研究了草莓和甜瓜液泡和非原生质内糖的含量，同时采用隔室方法估算了膨压（Ofosu Anim 等，1994；John 等，1994）。由此可见，在果实内糖的含量并不是均匀分布，因而产生相应的膨压促使果实膨大。

1.3.6　果实中其他物质对果实风味影响的研究

氨基酸对果实风味形成有较大影响，果实中氨基酸成分有 10 种以上，其中含量最高的氨基酸是天冬酰胺，其次是谷氨酰胺、丝氨酸、脯氨酸、精氨酸、谷氨酸和丙氨酸。各种氨基酸呈现不同的味觉，随着氨基酸浓度增大，脯氨酸和丙氨酸溶液呈现甜味，天冬酰胺和 γ-氨基酸呈现酸味，其余多数氨基酸呈现苦味。天冬酰胺几乎存在于各种果实中，而且左右着果实的风味品质。在杏、梅中天冬氨酸占总氨基的 80%～90%，桃、苹果、西洋梨、草莓、枇杷等中占 50%～70%，柑橘类果实中占 10%～40%（表 1-5）。研究发现，氨基酸物质含量在一定微量浓度时，能明显提高桃和葡萄果汁的风味，但当这些成分

表 1-5　完熟果实中游离氨基酸的组成（张上隆，2010）

氨基酸 amino acids	水溶液风味 aqueous flavor	桃 peach	苹果 apple	葡萄 grape	橙 orange	温州蜜柑 satsuma mandarin	梅 plum
天冬酰胺	苦	273.6	44.5	1.4	44.3	40.7	222.5
丝氨酸	苦	10.4	1.9	12.3	20.1	14.7	2.4
谷氨酰胺	鲜	4	0.9	20.2	3	12.8	0.7
脯氨酸	甜	—	0.1	73	79.5	45.6	1.3
精氨酸	苦	—	0.2	82.5	47.2	39.7	3.4
天冬氨酸	酸	13.8	17.7	10	43.2	26.2	1.8
谷氨酸	鲜	11.6	5.3	6.2	19.8	14.2	98
丙氨酸	甜	8	1.4	35.4	14.7	16.5	2.2
γ-氨基丁酸	酸	0.9	1	16.9	17.5	19.6	5.7
赖氨酸	苦	—	—	0.9	5.9	4.9	0.1
苏氨酸	苦	4.2	0.5	18.2	1.7	3	1.2
苯丙氨酸	—	0.8	—	2.4	3.8	2.1	0.3
缬氨酸	—	2.1	—	1.6	4.3	1.5	1.2
酪氨酸	—	—	—	1.3	1.1	1.6	0.3
甘氨酸	—	0.6	—	0.5	2	1.1	0.2
亮氨酸	—	0.7	0.2	1.5	4.1	0.7	0.6
半胱氨酸	—	—	—	—	0.3	0.7	—
组氨酸	—	0.8	—	0.8	1.6	0.7	0.8
异亮氨酸	—	0.8	0.5	0.6	0.6	0.7	0.8
蛋氨酸	—	—	—	0.2	0.3	0.6	—
乌氨酸	—	—	—	0.5	1.2	3.2	—
总计	—	332.3	74.2	286.4	320.2	254.8	255.3

超过一定浓度时会呈现出苦味，降低果汁风味。当谷氨酰胺的浓度超出20 mmol/L时，桃果汁风味明显不良。果实中氨基酸含量的多少受品种、栽培条件、气象、年份的影响很大，特别是肥水很重要。施肥量多时，果汁中总氮素浓度高，相对应果汁中的氨基酸总量也多，当超过一定范围时，对风味起不良作用（HuiJuan 等，2000）。Fulton 等认为提高总糖/谷氨酸的比率是改进番茄风味的有效途径（Fulton 等，2002）。桃果实生长发育过程中，桃可食部分游离氨基酸和蛋白质在坐果 10 d 时最高，之后不断降低，果实近成熟时，含量开始下降，果实完全成熟时，达到最低点（邓月娥，2008）。对 5 种枇杷中氨基酸组成及含量的研究表明，果实中所有氨基酸平均含量为 321.26 mg/g，其中天冬氨酸的含量最高，占总氨基酸的 28.35%～38.57%，蛋氨酸含量最低占总氨基酸的 0.3%～0.6%，味觉氨基酸和芳香类氨基酸分别占总氨基酸的50.3%、5.2%，对枇杷果实营养价值及品质贡献较大（高慧颖等，2009）。在猕猴桃果实中氨基酸含量以谷氨酸最多，对果实鲜味有重要贡献（王圣梅等，1995）。

总之，目前，许多果树科研工作者对影响桃果实糖酸含量的因素进行了大量研究，有关品种、环境条件（光照、温度和降水等）、环境胁迫以及糖酸代谢相关酶对桃果实中糖酸含量影响的报道较多，这些研究结果有助于通过调控果实中糖酸含量达到改善果实品质的目的。

1.4 发展前景

近年来，在我国北方地区虽然桃栽培面积和产量不断增加，但是优质果品率一直不高。通过对北京市场上出售桃品质调查发现，桃果实的可溶性固形物均在 11 °Brix 以下，果实口感较差，果实品质较低，因此，迫切需要根据当前农业生产水平重新寻找与探索更科学高效的栽培方式来改善果实的品质，以满足消费者对高品质水果的需求。

实现对果实品质的有效调控一直是果树园艺工作者研究的目标，果实品质的提高需要充足的光照，整形修剪是影响果园光照的关键管理措施之一，而一些传统的整形模式不利于光照的合理分布，导致内膛和下部的光照不足，果实品质低下。针对上述发现的问题，从生态角度分析导致桃果实品质降低的原因，另外，针对现有栽培技术在水分控制和利用方面、整形方式方面存在的缺点和不足，提供一种提高果实品质的高垄栽培方法，改进传统的生产方式。同时，对该栽培方式桃果实品质的影响进行研究。

高垄栽培技术若试验成功，经过示范和推广，必将会使我国存在相同问题的桃、杏、李、苹果和梨（早、中熟品种）、葡萄及柑橘等经济林果品品质大幅度提高，经济效益会随之大幅度增加，对果品品质提高产生突破性的创新效果。

2　桃果实品质降低的生态因素分析及其验证

桃原产于我国，因其果实营养丰富、口感好，深受消费者喜爱，又因其适应性强，易管理，早果性强，深受种植者青睐。桃树是农业发展和农民增收致富的首选树种之一。目前，中国桃产区主要分布在北纬 $30°\sim40°$ ，在北方地区主要分布在长城一线，以北方桃品种为主，成熟期集中在 $7\sim8$ 月份。现在大约 80% 的桃树种植在北方，栽培面积为 108 万 hm^2（来源于 2009 年农业统计年鉴）。

桃树是一种需水量相对较少的园艺作物，合理调控桃树生长期内的需水量不仅是果园灌溉管理的基础，更是提高果实品质的重要依据。关于桃树需水规律方面的研究较多，并且对不同水分供应条件下桃树相应的生理响应及对果实产量和品质的影响研究较为透彻（李绍华，1993；Crisosto 等，1994；George 等，1992），但是对于从宏观方面研究某一地区桃树生态需水与自然降水之间关系的研究报道较少，并且也未发现关于桃树整个生长期内生态需水量方面的相关研究报道，为此，可以借助相关生态模型对桃树不同生长阶段的生态需水量进行估算。本章通过应用世界粮农组织（FAO）推荐的作物系数与 Penman-Monteit 方程，并以北京地区多年的气象资料为依据，初步估算北京地区桃树不同生长时期的生态需水量。

种植在不同生态气候类型下的桃树具有不同的产量与品质表现（Luedeling，2012）。果实品质受环境条件的影响处在不断变化之中，尤其是土壤中水分的影响（Wert 等，2009；Else 等，2010）。众所周知，桃是比较耐旱的果树之一，生长后期大量水分供应可以增加果实大小，但是却降低了果实中可溶性固形物含量和口感（Crisosto 等，1994）。许多研究表明，大多数的园艺作物在相对干旱的条件下可以增加果实中糖、酸和维生素 C 的含量，这可能是作物在生理水平上产生应对外界干旱的主要策略（Lee，2000；Benhong，2005；González-Dugo 等，2010；Tavarini 等，2011；Abrisqueta 等，2012）。目前大多数关于水分—果树之间关系的研究主要集中果树在不同水分供应影响的研究，并且这些研究对于指导田间水分管理具有重要的理论支撑作用。

在中国北方地区，降水主要集中在 7 和 8 月份。降水对处于半湿润与半干旱的北方地区来说具有众多益处，可以补偿夏季土壤蒸发散失的水分，但是从桃对水分需求的角度来讲，由于无法明确桃树的生态需水量，因而无法确定其是否需要水分供应，因此，经常导致水分不能适时、适度供应。而关于不同水分供应对果实品质影响的研究较多，基本上成熟期大量水分供应可降低果实的品质（Day，1997；Besset 等，2001；Sepulcre-Cantó 等，2007），所以迫切需要研究不同生长发育阶段桃需水与降水之间的关系。为此，本文从桃树的生态需水量入手，依据桃树不同生长期的作物系数，并结合降水数据综合分析外界降水对桃树生长发育的影响，同时初步分析降水对桃果实品质产生的影响，并且对研究结果进行田间试验，最终的研究结果将为改善桃果实品质提供重要的理论依据。

2.1　材料与方法

2.1.1　桃树需水量的计算方法

20 世纪 90 年代世界粮农组织（FAO）曾经组织许多学者，在世界范围内对包括农作物、经济作物及果树在内的 40 多种植物进行了水分需求试验，得出了作物需水与作物参考蒸散的关系，给出了各种作物在不同生育阶段的作物系数（实际需水量与参考作物蒸散量之比：K_c），提供了定量计算作物需水量的有效方法。根据 FAO 的研究结果，在作物初始生长、旺盛生长及成熟生长等 3 个阶段作物系数差异较大，本文采用的桃树需水量估算方法取自上述研究结果（Allen 等，1998）。

桃在 j 个生长阶段的需水量（W_j）按式（1）计算：

$$W_j = \sum_{i=1}^{n} K_{cj} \times ET_{0i} \tag{1}$$

式中，n 为生长阶段所包含或生育期间隔的天数；i 为日序数；j 表示某个生长阶段；K_c 为作物系数；ET_{0i} 为第 i 日的参考作物蒸散量，按 Penman-Monteith 公式计算：

$$ET_0 = \frac{0.408\Delta(R_n - G) + \gamma \dfrac{900}{T+273} u_2(e_a - e_d)}{\Delta + \gamma(1 + 0.34 u_2)} \tag{2}$$

上式（2）为 FAO 1998 年推荐作为计算参考作物蒸散的标准模型。式中，R_n 太阳净辐射，MJ/m^2；G 是土壤热通量，MJ/m^2；γ 是湿度计常数，$kPa/℃$；T 是日平均气温，$℃$；e_a 为饱和水汽压，kPa；e_d 为实际水汽压，kPa；Δ 是饱和水汽压-温度曲线斜率，$kPa/℃$；u_2 为 2 m 高处的风速，m/s；ET_0 为参考作物蒸散量，mm/d。

对于桃树，其作物系数的变化过程可概化为 4 个阶段的 3 个值，如表 2-1 所示，其中 K_c 为联合国粮农组织推荐的作物系数表中查得的数据。

表 2-1 桃不同生长发育时期的作物系数及天数

生长时期 growth stages	萌芽开花期 flowering stage	生长结果期 fruiting period	成熟期 mature period	采后至落叶 postharvest and deciduous
月份	4～5 月	5～7 月	7～8 月	8～10 月
天数/d	30	61	31	62
K_c	0.55	0.9	0.65	0.65

注：本文所用降水等数据主要取《中国农业年鉴》提供的北京从 1981—2010 年 30 年的气象数据。

2.1.2 降水供给度计算

为了探究桃树不同生长阶段外界降水量对桃树需水量的供应程度，我们自己提出降水供给度的概念，用以描述外界降水量与桃需水量的供应程度，按下式（3）进行计算：

$$P_i = \frac{R_i}{W_i} \tag{3}$$

式中，P_i 为降水的供给度，R_i 为某生长阶段的降水量，W_i 为某生长阶段桃的需水量。当 $P_i \approx 1$ 时，表明降水可以满足桃树需水；$P_i > 1$ 时表明降水可以满足桃树需水；$P_i < 1$ 时表明降水不能满足桃树需水。因此，通过自然降水供给度可以判断某地区降水对桃树水分的供应情况。同时，结合当地桃品质相关数据，即可分析该地区降水量对桃果实风味及品质的影响。

2.1.3 桃果实品质的评价依据

可溶性固形物含量（soluble solids content）是衡量消费者对桃果实品质接受程度和是否购买的重要指标。研究表明当桃果实的可溶性固形物含量高于 11 °Brix时，消费者的接受程度会达到 90％左右，而在可溶性固形物含量低于 11 °Brix 时，消费者的接受程度明显下降，因而选择可溶性固形物含量作为初步衡量桃果实品质优劣的一个重要指标（Bassi 等，1990；Crisosto 等，2003；Crisosto 等，2005，Crisosto 等，2003；Crisosto 等，2004；张海英等，2006）。

所以，本文以桃的可溶性固形物是否达到 11 °Brix 作为衡量桃果实品质优劣的指标，高于 11 °Brix 表示品质优良，低于 11 °Brix 表示品质较低。

2.1.4 栽培条件与试验材料

试验于 2010 年 1 月份至 2011 年 8 月份在北京市通州区果园进行（图 2-1），试验材料为"改良白凤"，于 2007 年定植，株距 2 m，行距 5 m。该品种成熟期在 7 月下旬。桃树在每年 1 月份进行冬剪，6 月份进行夏剪。桃树在 3 月份进行一次灌溉，此后，至桃果实成熟均不再进行灌溉。肥料在灌水时施入，氮肥施肥量为 45 kg/hm²。在必要的时候进行人工除草和病虫害防治等工作。

该园地势平坦，土壤为质地中壤土。土壤的理化性质如下：土壤容重 1.44 g/cm³。土壤田间持水量 25.2%，有机质含量为 14 g/kg，全氮含量为 0.74 g/kg，全磷含量为 0.82 g/kg，全钾含量为 18.5 g/kg，有效磷含量为 48.7 mg/kg，有效钾含量为 358 mg/kg。

图 2-1　试验地点位置图

2.1.5 田间试验设计

试验包括两个处理，一个为常规种植（CK），另一个为采取避雨措施的处理（NW），如图 2-2 所示。避雨措施主要为在两行桃树中间挖一条排水沟，同时雨季来临之前（一般在 5 月中旬）使用乙烯薄膜覆盖以增加排水效果，使该处理最大限度免受降雨影响。选取树势基本一致的两行进行统一整形修剪，并通过人工疏果保证每株桃树上坐果数基本相同。

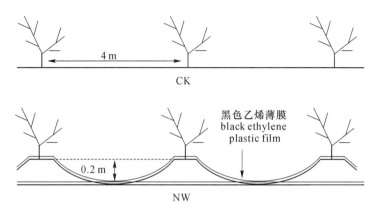

图 2-2 种植方式示意图

2.1.6 土壤水分含量、产量与品质的测定

桃树营养生长通过测定冬剪与夏剪的修剪量（鲜重）进行分析，修剪由同一人进行操作，尽量保持各植株树型一致，把修剪下来的枝条（包括冬剪与夏剪）称其鲜重作为最终的评价指标，不同处理间修剪量以单株单位（kg/株）进行比较。在桃成熟时，从每株桃树上随机选取 10 个果实进行称重，获得单果重，然后乘以每株桃果实个数，从而计算得到单株产量（kg/株）。

于上午 10：00，从桃树树冠中部选取桃果实 5 个用于果实品质的测定。将选取的果实放于 0℃保温箱中带回实验室进行可溶性固形物、总糖、可滴定酸和维生素 C 含量的测定。可溶性固形物采用糖度计在 25℃下进行测定，总糖采用蒽酮比色法进行测定，可滴定酸采用滴定法测定，维生素 C 采用比色方法测定。

将时域反射仪探管安装在距离桃树 0.5 m 远的地方，采用时域反射仪对土壤含水量进行长期定位检测（0～80 cm）。从 4 月份开始每 10 d 左右进行一次测量。

2.2 结果与分析

2.2.1 桃树需水量、降水量与果实风味之间关系的研究

2.2.1.1 北京地区市场桃品质调查

表 2-2 为北京市农林科学院林业果树研究所 2010 年北京平谷地区桃的综合品质状况统计，从中可以看出，北京地区桃果实可溶性固形物含量平均在 10.0 °Brix 左右，低于 11 °Brix 标准，表明北京地区桃的品质与优良桃品质之间存在一定差距，而这与在目前市场上出售的桃果实品质不佳的现象相符合。

表 2-2　北京平谷桃可溶性固形物含量

品种 cultivars	可溶性固形物范围 range of SSC/°Brix	平均 average	品种 cultivars	可溶性固形物范围 range of SSC/°Brix	平均 average
久保	8.8～11.7	9.8	改良白凤	10.2～12.6	11.2
八月脆	8.2～10.9	9.1	长泽白凤	9.8～11.9	10.9
京艳	9.3～11.7	10.1	晚蜜	11～14.2	13.2
艳丰 1 号	8.9～12.5	10.3	早霞露	8.9～10.9	9.2
33 号	8.9～13.3	10.5	早乙女	8.2～10.3	9.1
红甘露	9.0～12.1	11.1	RG11	7.9～11.5	9.6
松森	8.2～11.3	10.5	早红艳	8.6～11.6	9.7
岗山 500	10.0～12.2	10.5	绿化久	8.3～11.8	10.4
RG19	8.5～10.8	10.1	陆王仙	8.9～11.5	10.6
庆丰	8.9～12.2	10.6	华玉	8.6～11.6	10.2
燕红	8.2～11.0	9.9	二十一世纪	8.9～11.50	10.6
武井白凤	8.3～11.5	9.3	大红桃	9.2～11.50	10.2

2.2.1.2　不同生长发育阶段桃树需水量

由于桃树分布在许多气候生态类型上，本文选取位于光照充足半湿润地区的北京作为代表进行桃树耗水量的估算。根据表 2-1 中不同生长时期的作物系数，使用北京地区 1981—2010 年 30 年的气象数据计算 4～10 月份的月平均作物蒸散量，从而得到不同时期桃需水量。由表 2-3 可知，桃树在初始生长、旺盛生长和成熟期的需水量分别为：64、287、84 mm，整个生长期桃树的需水量约为 627 mm。

表 2-3　4～10 月份各月桃树需水量

月份 months	4 月 April	5 月 May	6 月 June	7 月 July	8 月 August	9 月 September	10 月 October
天数/d	30	31	30	31	31	30	31
K_c	0.55	0.9	0.65	0.65	0.65	0.65	0.65
ET_0/mm	3.9	5.3	5.1	4.2	3.8	3.4	2.4
需水量/mm	64	148	139	84	76	66	49

2.2.1.3 降水供给度

北京地区多年平均降水与桃树需水量的供求关系通过降水供给度 P_i 衡量。由图2-3可知，4、5和6月桃需水量相对较大，而此时降水供给度分别为0.4、0.2和0.5，表明这三个月降水完全不能满足桃树生长的需求，需要及时补充灌溉。自7月份开始，桃陆续进入成熟期，而7和8月份的降水供给度分别为2.1和2.4，明显高于1，表明降水已显著超过桃树对水分的需求。采后至落叶期间，降水供给度又明显低于最佳供给线，因而需要进行适当地灌溉。

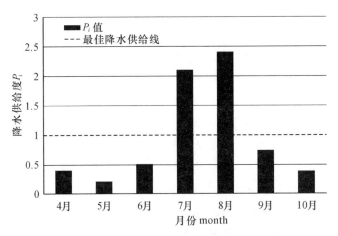

图 2-3 北京地区桃生长期内降水供给度分析

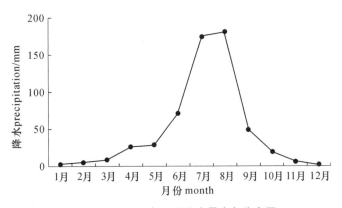

图 2-4 北京 30 年平均降水量全年分布图

由图2-4可知，北京地区降水特点降水整体上分布不均，降水量大且相对集中。降水集中分内布在7和8月份，并且这两个月的多年平均降雨量分别为176和186 mm，占全年总降水量的61.9%（图2-4）。因此，由于北京独特的降水规律，最终导致降水供给度的差异。

我国北方地区处在阳光充足的半湿润地区，北京地区桃生长期内平均降水供给度为 0.88，表明从整个生长期水分供应角度考虑，基本满足桃树的需水量。但根据桃的水分需求规律，7、8 月份两个月的降水量显著超出桃树成熟期时对水分的需求（图 2-3），出现了供过于求的矛盾，大量降水导致土壤含水量迅速升高，甚至达到了田间持水量。

2.2.1.4 栽培环境条件对比分析

20 世纪 80 年代，全国桃树的栽培面积为 24 万 hm^2（左覃元等，1994），种植地区主要分布在北方山区和丘陵地带，有北京平谷、河北顺平和唐山乐亭（汪祖华等，2001），这些地区具有光照充足、无霜期长、昼夜温差大等优越的自然条件，同时，山区坡地具有良好的自然排水条件，因而使这些地区生产的桃果实不仅清香适口，而且甜度高，其可溶性固形物含量多高于 12 °Brix（朱更瑞等，1998）。而通过对平谷 2010 年桃品质的调查发现，现在桃果实品质明显低于过去。可见，栽培环境的改变也是导致桃果实品质下降的重要原因。

2.2.2 采收前降水对桃产量品质的影响

2.2.2.1 桃开花至成熟阶段降水量分析

2010 年和 2011 年 4～7 月份的降水量及分布如图 2-5 所示。从图中可以看出，从 4 月份开始，随着时间的增加，降水频率逐渐升高并且降水量逐渐增大。降水量超 5 mm 的降雨称为有效降水，从图 2-5 可以看出，在 6 月份之前有效降水不多，但在进入 7 月份以后，有效降水明显增加。这两年的降水规律基本一致，降水集中在夏季且降水量较大。

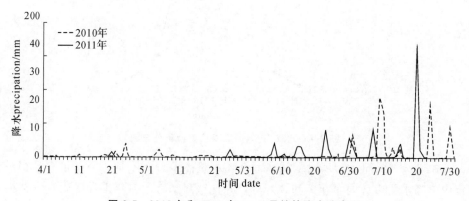

图 2-5 2010 年和 2011 年 4～7 月份的降水分布图

2.2.2.2　采收前降水对不同处理土壤含水量的影响

从某种意义上来讲，NW 处理使用的行间挖排水沟与覆盖黑色乙烯薄膜等措施主要用来阻挡北方地区采收前降水对土壤水分含量的影响。通过采用这种避雨措施可以把大量雨水通过排水沟排出。北京地区降水主要集中在 6～8 月份，由图 2-6 可知，采收前降水对各处理土壤水分含量的影响不同。与 NW 处理相比，在有降水发生时，CK 处理土壤表层土壤水分含量升高 3％～5％。7 月份大量的降水使 CK 处理 40～80 cm 深度的土壤水分含量比 NW 高 10％左右。可见，与 CK 处理相比，NW 处理排水效果较好，可有利于防止土壤含水量随降水增加而不断升高。

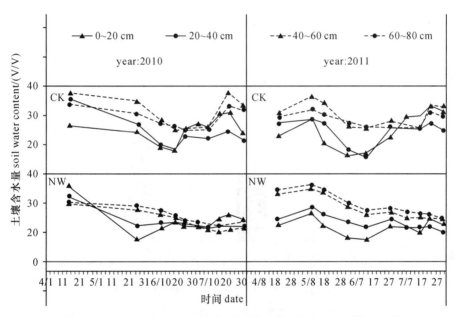

图 2-6　2010 年至 2011 年不同处理不同深度土壤含水分含量的变化

2.2.2.3　采收前降水对不同处理单株修剪量的影响

2010 年与 2011 年 NW 处理修剪量明显低于 CK（图 2-7）。CK 处理在 2010 年、2011 年的修剪量分别比 NW 处理增加 12.2％和 9.2％。在 2011 年 CK 处理修剪量最高，达到 7.1 kg/株，而 2010 年 NW 处理修剪量为 4.7 kg/株，为两年中最低值。

2.2.2.4　采收前降水对不同处理桃产量的影响

由图 2-8 可知，两年中单株产量受季节性降水影响不显著。单株产量年际变化较大，2011 年 NW 处理单株产量最高，为 23.6 kg/株，而 2010 年 CK 处

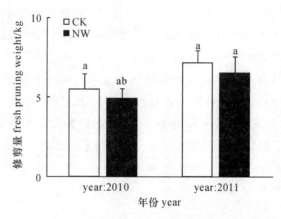

图 2-7　2010 年至 2011 年不同处理桃树单株修剪量

注：不同字母表示在 5％水平差异显著。

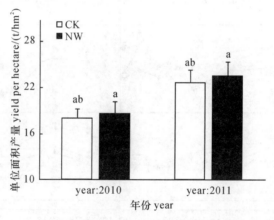

图 2-8　2010 年至 2011 年不同处理桃树的单株产量

注：处理间不同字母表示在 5％水平上差异显著。

理单位面积产量最低，为 18.1 kg/株。NW 处理与 CK 处理相比，具有增加产量的趋势。

2.2.2.5　采收前降水对不同处理桃品质的影响

桃果实的品质指标主要包括可溶性固形物、总糖、可滴定酸和维生素 C。由表 2-4 可知，果实的品质受降水影响达到显著水平。NW 处理的可溶性固形物含量平均达到 12 °Brix，而 CK 处理平均为 10 °Brix。由 NW 处理相比，CK 处理总糖含量在 2010 年和 2011 年分别降低 6.9％和 5.2％，而 CK 处理酸含量在 2010 年和 2011 年分别增加 6.4％和 8.0％。NW 处理糖酸比平均比 CK 处理高 6.1。

表 2-4　2010 年至 2011 年不同处理桃果实品质的数据

年份/处理 year/treatment		组分 constituents				
		可溶性固形物 SSC/°Brix	总糖 total sugar /(mg/g)	可滴定酸 titratable acidity /(mg/g)	维生素 C vitamin C /(mg/g)	糖酸比 sugar/acid ratio
2010	CK	11.9^b	80.0^b	3.11^a	163.1^a	29.3
	NW	12.2^a	85.9^a	2.91^b	132.3^b	33.6
2011	CK	10.4^a	94.4^b	3.51^a	95.8^a	20.1
	NW	11.7^a	99.6^a	3.25^b	80.8^b	28.0

注：处理间不同字母表示在 5%水平上差异显著

2.3　讨论

2.3.1　导致桃品质降低的原因分析

本文从生态角度入手，通过对生长期内 P_i 的分析发现，整个生长期内水分供求趋于平衡，但局部分布极不均匀（7、8 月份），从而出现供过于求的现象。而研究表明，桃是比较耐干旱的树种之一，成熟期大量的水分供应使果实果个增大，但却明显降低果实的可溶性固形物含量，从而影响果实的品质（Crisosto 等，1994；George 等，1992；Berman 等，1996），而这与 2010 年调查平谷的桃品质结果相符合。因此，成熟期内降水不适时、适度供应是导致北京地区桃品质下降的主要原因。

同时，通过对 80 年代与现在的栽培环境分析可知，在丘陵地区桃树一般在山坡种植，在遇降水时只有小部分入渗土壤，大部分沿坡度方向排走，所以对土壤水分含量影响程度较小（王军等，2000；胡伟等，2006），并且对果实品质影响也较小。而现在大量桃树在平原栽植，遇大量降水时，雨水不能及时排出，从而导致土壤含水量迅速升高，尤其在成熟期时，最终导致桃果实品质下降。所以，通过对现在与过去桃树栽培条件对比，发现降水同样是导致目前桃品质下降的主要因素。

针对当前桃成熟采收期与降水相遇造成品质降低的问题，应通过协调桃树成熟期内水分供需进行解决。但目前，在桃树水分研究方面许多研究者仍旧注重极端水分条件对果树的影响，由于现在农业生产条件的改善，极端恶劣的种植环境已得到改善，因此应多进行果树最适水分供应技术方面的研究，从而提高果实品质。因此，在今后的研究中，应从栽培方式和果园水分管理方向进行水分供需技术研究，增强人工调控土壤水分的能力，最终形成一整套栽培和水分调控管理技术，通过应用这些技术使当前桃品质得到改善和提升。另外，本文的分析结果不仅适用于桃树，对于成熟采收期与降水相遇的其他果树也同样具有指导意义，因此，这对改善我国其他果树果实品质也具有重要的指导意义。

2.3.2　采收前降水对桃品质的影响

NW 处理修剪量明显低于 CK 处理，表明北方地区采收前降水使桃树营养生长加强，而这主要与降水改变土壤中的水分含量有关。从某种意义上来讲，NW 处理行间的排水沟与铺设黑色乙烯薄膜等措施主要用来控制采收前降水对土壤水分含量的影响。由图 2-6 可知，采收前降水对各处理土壤水分含量的影响较大。与 NW 处理相比，在有降水发生时，CK 处理土壤表层土壤水分含量明显升高。Girona 等（2002）和 Dichio 等（2007）研究表明，土壤水分含量与植物营养生长具有正相关关系。因此，采收前大量降水使 CK 处理桃树的营养生长较 NW 处理旺盛，因而修剪量高于 NW 处理。

NW 处理桃产量略高于 CK 处理，表明采收前降水具有降低桃果实的产量趋势。Crisosto 等（1994）研究表明，成熟后期大量水分供应导致果实果个增大，而这与本文研究结果一致。采收前降水并未促使桃产量显著增加，这主要与营养生长与生殖生长之间的竞争有关，水分促使光合同化产物向营养生长方向运输，从而降低对生殖生长的供应（Chalmers 等，1981；Chalmers 等，1984；Forshey 等，1989）。

果实的品质主要通过综合分析各指标进行评判。有研究表明，当果实可溶性固形含量高于 11 °Brix 时，消费者接受的程度可达到 90％，而当可溶性固形物含量低于 11 °Brix 时，消费者接受的程度会明显下降（Crisosto 等，2003；Iglesias 等，2009）。通过本章研究发现，NW 处理桃果实可溶性固形物含量平均为 12 °Brix，明显高于 11 °Brix 的标准，而 CK 处理明显低于 11 °Brix。因而可知采收前降水明显降低桃果实的风味，使消费者接受程度降低而不利于果实商业化。采收前降水使总糖含量下降，可滴定酸含量升高，从而降低了桃果实的糖酸比，而这与 Crisosto 和 Boland 等的研究结果一致（Crisosto 等，1994；Boland 等，2000；Malundo 等，1995）。

在干旱与半干旱地区，园艺产业正面临着如何高效利用有限的水资源的压力（Jones 等，2009），而且这种由于气候变化导致的水分不稳定供应现象是现代园艺产业可持续发展所面临的主要威胁（Marra 等，2013）。我国北方地区大量降水主要集中在夏季，而这对于处于干旱与半干旱地区的桃树来讲非常有利。桃是浅根系园艺作物，并且对水分需求相对较低，这种集中性的采收前降水明显提高了土壤中的水分含量，使桃树营养生长加强，但却导致品质下降。所以，为了改善桃品质，需要采取相应栽培措施予以应对，协调营养生长、产量和品质之间关系，最终达到经济效益的最大化。

一般来讲，农民对作物产量有着强烈地追求（Llácer 等，2009），农民通过增加灌水提高果实产量，满足了对产量最大化的追求，却导致目前市场上出售的桃品质普遍较低。农民在追求产量最大化的同时，忽略了另一个重要特性——果实品质。近年来，随着经济的不断发展，人们生活水平逐步提高，对果品的需求已从数量型转向质量型，因此，迫切需要解决当前果实品质不高的问题，而这对于推动我国果树产业健康持续高效发展，提高我国果品的国际竞争力，具有重大的社会经济意义。

2.4 本章小结

本章主要从宏观方面入手，对导致当前市场上出售的桃果实品质普遍较低的原因进行初步分析。主要从水分的供需角度进行研究，分析桃树自身需水量与生态环境中降水量之间的关系。经研究表明，桃树整个生长期内需水量约为627 mm。通过对降水供给度 P_i 的分析可知，北京地区生长期 P_i 为 0.88，降水量基本上可满足桃树需求，但是，4、5 和 6 月分别 P_i 为别是 0.4、0.2 和 0.5，7 和 8 月份的 P_i 为分别是 2.1 和 2.4，表明不同生长发育阶段差异较大，尤其在成熟期时外界降水供应量远远高于桃树需水量，可见，生长期内水分的不适时、不适度供应是导致当前果实品质较低的主要原因。

本章从宏观生态角度对桃树需水量、降水量和果实品质之间的关系进行简单分析，另外，为检验该结论的可靠性，通过具体的田间试验进行进一步验证，结果表明，采收前降水使 CK 处理 40～80 cm 深度的土壤水分含量比 NW 高 10% 左右，使桃树修剪量增加 10% 左右，促使桃产量略有升高，使可溶性固形物含量明显升高，明显促使桃果实品质降低。最终得出采收前大量降水是导致桃果实品质降低的结论。桃树生长期内水分的不适时、适度供应是导致当前果实品质较低的主要原因。针对上述发现的问题，应该从果树栽培方式和果园水分管理方向进行研究，增强人工调控土壤水分的能力，使当前桃品质得到改善和提升。

3   高垄栽培体系对桃果实品质形成的影响

果实品质最终由消费者满意程度评定，包括外观、质地、风味、营养物质含量和安全性。果实品质受多种因素的影响，例如：栽培品种、施肥、灌溉、整形修剪、疏果与采收期。选择适合当地生态气候条件的品种是保证果实产量与品质的先决条件（Byrne，2001）；施肥能改善果实的品质，但过量或不足均会产生负面作用，例如，缺氮导致果实风味变淡，而过量的氮并不能增加果实的大小、产量与可溶性固形物的含量（Crisosto 等，1995；Day，1997）；桃生长发育期内适时适量提供水分可以增加果实大小，与最适水分供应相比，适度的水分胁迫可以在果实大小没有明显降低的情况下增加果实中可溶性固形物的含量（Crisosto 等，1994；Dichio 等，2007）；修剪措施可以增加树冠内的光照，从而可以改善果实色泽、品质、增加可溶性固形物含量（Kumar 等，2010）；疏果虽然增加了果实的大小，但降低了总产量（Costa 等，2000）；果实成熟时的采收时间可以决定果实的口感品质、感病性、抗损伤的能力和外观等方面（Crisosto，1994）。总之，合理利用相关栽培措施可以获得较高品质的果实并使产量无明显的下降。

在华北地区，桃一直存在着果实品质高低变化不定的问题。尤其是最近几年，市场上出售的桃经常被消费者抱怨"桃没有桃味"。通过应用各种栽培措施，虽然在果实的大小、颜色等方面有所提高，但果实品质远未达到消费者期望的水平。为了解决这个问题，提出一种果树高垄栽培的体系，将桃树种植在高垄上，最大限度防止成熟期外界降水对桃树生长的影响。

3.1   材料与方法

3.1.1   试验材料与气候条件

试验于 2011 年 1 月至 2013 年 8 月在北京市通州区果园进行。试验材料为"白凤"，该品种成熟期在 7 月下旬。桃树于 2007 年定植，种植方式如图 3-1 所示。对于高垄栽培，首先起垄，垄高 70～80 cm，垄上宽 1.0 m，垄底宽 1.8～2.2 m；垄上以宽窄行种植方式栽植桃树，垄上窄行株距 2.0 m，窄行内桃树左右交错栽植，宽行行距 5.0 m（图 3-1），树型采用 V 形，即高垄上行间的枝条大部分去掉，仅保留少量枝条对树干进行保护，另外，桃树在栽植时与地面呈

72.5°左右的夹角，因此，桃树植株外向倾斜，窄行内桃树呈 V 形排列。同时，高垄栽植的桃树采用架式辅助整形，3 m 长钢管与地面夹角 72.5°，70 cm 埋入地下，间距 15 m；两端支柱直径为 100～120 mm；中间支柱直径为 75～100 mm。使用 2.6 mm 直径高强度铅丝链接。常规种植株距 2.0 m，行距 5 m（图 3-1），树型采用开心型。常规种植的株行距为 5 m×2 m（999 株/hm²），高垄上窄行株距 2 m，窄行 1 m，宽行 5 m（1 998 株/hm²）。

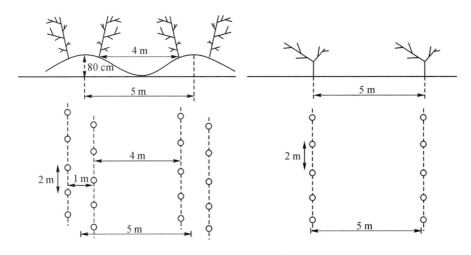

图 3-1 种植方式示意图

桃树在每年 1 月份进行冬剪，6 月份进行夏剪。桃树在 3 月份进行一次灌溉，此后根据桃树的需水规律采用滴灌方式进行灌溉。肥料在灌水时施入，氮肥施入量为 N：45 kg/hm²，钾肥施入量为 K_2O：120 kg/hm²。在必要的时候进行人工除草和病虫害防治等工作。

通州区属于典型的温带大陆性半湿润季风气候。具有春秋干旱多风，夏季炎热多雨，秋季天高气爽，冬季寒冷干燥的四季分明的气候特点。

气温：通州区全年平均气温 13.8℃，年平均最高气温为 17.4℃，年平均最低气温 5.8℃，最热月 7 月平均气温 25.7℃，最冷月 1 月平均气温−5.1℃，年极端最高气温为 40.3℃，极端最低气温为−21℃，无霜期 190 d 左右。春季日平均气温稳定通过 0℃的平均初日为 3 月 2 日，秋季日平均气温稳定降至 0℃以下的平均日期为 11 月 26 日；全年高于 0℃的持续日数为 269 d。

降水：通州区年平均降水量 620.9 mm，其中 65%的降水集中在七八月份。雨热同季，但是降水季节分配不均，常年发生春旱、夏涝。降水年际变化大，对排水系统提出较高要求。

日照：本区光照充足、热量丰富。年平均太阳辐射为 132.6 kcal/cm，月平均太阳辐射 5 月份最强，为 16.24 kcal/cm；年日照数为 2 435.4 h，年日照百分比率为 62%。

风速：一年中春季风速最大，4 月份平均风速为 3.6 m/s，夏季平均风速最小，8 月份平均风速为 1.8 m/s，多年 10 月份最大风速达 22 m/s；年平均相对湿度为 60%；历年平均蒸发量为 1 895 mm。年主导风向为西南风，次风为西北风，西风出现的概率最小，全年平均风速为 2.9 m/s。

通州区地势平坦，土壤为质地中壤土，理化性质如下：高垄土壤容重 1.30 g/cm³，平地土壤容重 1.44 g/cm³。土壤田间持水量 25.2%，有机质含量为 14 g/kg，全氮含量为 0.74 g/kg，全磷含量为 0.82 g/kg，全钾含量为 18.5 g/kg，有效磷含量为 48.7 mg/kg，有效钾含量为 358 mg/kg。

3.1.2 试验设计

本试验包括两个因素：种植方式和是否铺设黑色塑料薄膜，其中每个因素包含两个水平。种植方式分为高垄种植和常规种植，种植方式详见图 3-1，常规种植的株行距为 5 m×2 m（999 株/hm²），高垄宽窄行种植株距 2 m，窄行 1 m，宽行 4 m（1 998 株/hm²），两种栽培方式在 2007 年进行定植。另一因素为铺设与不铺设黑色塑料薄膜。铺设的时间为每年的 5 月下旬，果树行间和高垄全部用地膜覆盖严密。试验处理详见表 3-1，在果园内共选取管理一致、树势相当的桃树用于试验，每 5 株为 1 个处理，共 3 次重复。

表 3-1 试验处理

种植方式	是否覆膜	处理	编号
高垄种植	覆膜	高垄覆膜	HRM
	不覆膜	高垄不覆膜	HR
常规种植	覆膜	常规覆膜	FSM
	不覆膜	常规不覆膜	FS

3.1.3 试验方法

3.1.3.1 桃产量与果实品质测定

修剪量的测定：营养生长通过测定每棵树一年当中的修剪量进行评价，修剪由同一人进行操作，尽量保持各植株树型一致，把修剪下来的枝条（包括冬剪与夏剪）称其鲜重作为最终的评价指标。由于两种栽植方式密度不同，所以不同处理间修剪量采用单位面积的方式（t/hm²）进行比较。

产量与品质的分析均在果实最佳成熟时进行。在桃树上随机选取 10 个果实用来计算单果重并估算桃树的单株产量（单果重乘以每株桃果实数），通过单株产量与栽植密度得到桃的单位面积产量（t/hm²）。

于上午 10：00 从树冠中部不同方向选取成熟度基本一致且无病虫害的桃果实 15 个，放在 0℃的保温箱中带回实验进行品质相关指标测定。品质测定指标包括：可溶性固形物、总糖、可滴定酸、维生素 C 和糖酸比。可溶性固形物采用糖度计在 25℃下进行测定，总糖采用蒽酮比色法进行测定，可滴定酸采用滴定法测定，维生素 C 采用比色方法测定。

3.1.3.2　桃果实中氨基酸含量测定

使用氨基酸分析仪（L-8900，日立公司，日本）检测桃果实中可溶性氨基酸的含量。称取 5 g 桃果实样品在 110℃、氮气环境中使用 10 mL 6 mol/L 的盐酸水解 24 h。冷却后过滤水解产物，并在 45℃真空干燥器中进行干燥处理，然后水解产物使用柠檬酸盐缓冲液（pH 2.2）溶解，预水解氧化的溶液经萃取过滤、合并。最后，将萃取物溶解在 0.02 mol/L 的 HCl 和氨基酸经茚三酮反应检测系统，各氨基酸浓度分别用标准曲线的峰面积计算得到。

3.1.3.3　土壤含水量测定

将 12 个时域反射仪的探管安装在距离桃树 0.5 m 远的地方用于长期定位测量土壤水分含量。采用时域反射仪测定 0～80 cm 深度土壤含水量。从 4 月份开始每 10 d 左右进行一次测量。

3.2　分析与讨论

3.2.1　高垄与常规栽培模式对桃物候期的影响

2011 年至 2013 年不同处理桃树开花期和成熟期调查结果详见表 3-2。在本研究中，桃树开花和成熟的标准分别是一棵桃树上大约有 50％的花完全开放与 50％的桃果实达到成熟（果实成熟度通过测定果实硬度进行判断）。通过三年的调查结果分析可知，不同处理的开花期和成熟期具有明显的差异。与常规栽培相比，高垄种植的桃树提前 2～3 d 进入盛花期和成熟期。高垄栽培方式下覆膜与常规栽培方式下覆膜对桃树开花期和成熟期影响不明显，因此，在相同栽培方式下覆膜对桃树开花和成熟的时间无明显影响。不同栽培制度下每年开花的日期和成熟日期不同，主要受气候变化情况而定。

表 3-2 2011 年至 2013 年不同处理开花期与成熟

年份 year	物候期 phenophase	常规栽培 FS	常规覆膜 FSM	高垄栽培 HR	高垄覆膜 HRM
2011	开花 flowering	4-17	4-17	4-15	4-15
	成熟 maturity	7-28	7-28	7-25	7-25
2012	开花 flowering	4-13	4-13	4-11	4-11
	成熟 maturity	7-24	7-24	7-21	7-21
2013	开花 flowering	4-16	4-16	4-14	4-14
	成熟 maturity	7-27	7-27	7-25	7-25

起垄栽培的方法在世界范围内被广泛应用，虽然有许多的改动但均有一个共同的目标：将土壤抬升一定的高度为种植作物提供一个良好的种植平台。与传统栽培方式相比，垄作可以改变种植区域的小环境，使环境温度、土壤温度与土壤紧实度发生变化（Benjamin 等，1990）。垄作可以改变土壤环境条件，有利于作物的开花与早期生长，因为这种栽培措施可以提高排水条件较差地区土壤的温度，同时维持土壤水分在较适宜的水平（Sako 等，1984；Tisdall 等，1990）。本研究就应用的高垄与报道的其他垄作不同，主要表现在高度与大小方面：试验使用垄的高度为 80 cm，而报道的其他垄作的高度为 30 cm 左右，同时垄的体积明显大于其他传统方式的体积。

与常规种植相比，种植在高垄的桃提前进入开花期与结果期，表明高垄具有加速桃生长发育的作用，而且提前开花，一般会导致提早成熟（Benjamin 等，1990；Horvath，2009；Sako 等，1984）。在高垄种植的桃树在开花与成熟方面良好的表现主要归因于适宜的土壤水分条件与较高的土壤温度（Sako 等，1984；Tisdall 等，1990）。覆膜对桃开花期与成熟期无明显作用，但是该措施在春季可以减少水分的蒸发，改善土壤水分条件，其他学者也有类似的发现（Genyun，1991；Stapleton 等，1993）。在 2010 年春季发生了罕见的冻害（数据未列出），导致 FS 与 FSM 处理桃树没有开花，而对高垄种植的桃树无影响，这个现象表明高垄栽培在抵御低温与霜冻方面具有一定的作用。

3.2.2 不同栽培模式下修剪量比较

桃树的生长活力通常使用营养生长量表示，在生产中以修剪枝条的重量来衡量。2011 年至 2013 年不同处理单位面各修剪枝条重量如表 3-3 所示，可以看出，同一处理不同年份的修剪量并不相同。高垄上种植桃树修剪量显著低于

在常规种植，在 2011 年，HR 处理与 HRM 处理的修剪量分别比 FS 处理低
14.1％和 18.3％，而在 2012 年，HR 处理与 HRM 处理分别比 FS 处理低
8.9％和 14.6％。相同栽培方式下覆膜与不覆膜相比，修剪量无显著变化，因
此覆膜对桃树的修剪量无明显影响。在 2013 年，桃树在 FS 处理的修剪量是四
个处理中最高，为 9.3 t/hm²。在 2011 年，HRM 处理中桃树的修剪量最低为
每株 5.8 t/hm²。

表 3-3　2011 年至 2013 年不同处理修剪的影响

年份 year	常规不覆膜 FS /(t/hm²)	常规覆膜 FSM /(t/hm²)	高垄不覆膜 HR /(t/hm²)	高垄覆膜 HRM /(t/hm²)
2011	7.1ᵃ	7.2ᵃ	6.1ᵇ	5.8ᵇ
2012	8.9ᵃ	8.8ᵃ	8.1ᵇ	7.6ᵇᶜ
2013	9.1ᵃ	9.3ᵃ	8.5ᵇ	8.1ᵇᶜ

注：处理间不同字母表示在 5％水平上差异显著

高垄种植桃树的修剪量明显降低表明该种种植方式可以减少桃树的营养生
长，这可能主要受土壤水分条件的影响。一般来讲，与常规种植相比，起垄的
目的主要是用来排水，并且覆膜增强垄沟排水的能力，因此可减少降水流向植
物根系附近，最终导致根系周围土壤水分含量降低，因此，这些措施均有利于
桃树免受外界降水干扰，有利于人为调控土壤水分含量。如图 3-2 所示，与常
规土壤水分含量相比，在 7 月份以前，高垄 0～40 cm 土壤水分含量表现出频
繁的和剧烈的波动，并且高垄土壤表层的水分含量低于平地。Girona 和 Dichio

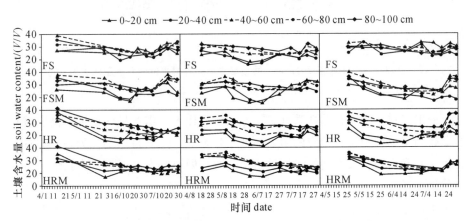

图 3-2　2011 年至 2013 年不同深度土壤水分含量变化趋势分析

等研究表明，土壤水分含量与营养生长具有很高的正相关关系（Dichio 等，2007；Girona 等，2002），因而，当桃树种植在高垄上时，由于水分降低，导致生长量的下降。另外，与平地土壤相比，高垄土壤紧实度下降减少了根系穿透的阻力，促进根系在土壤中的分布与生长，这也可能是导致高垄生长量下降的原因（Passioura，1991；Passioura，2002）。

3.2.3 不同栽培模式下产量比较

不同处理间单位面积产量达到显著程度（图 3-3），并且单位面积产量主要受种植方式影响，而覆膜对单位面积产量无明显影响。2011 年至 2013 年不同处理对单位面积产量的影响的顺序为 HR ＞ HRM ＞ FS ＞ FSM。单位面积产量最低出现在 2011 年的 FS 处理中，为 11.5 t/hm²，最高出现在 2013 年的 HR 处理中，为 22.6 t/hm²。HRM 处理的单位面积产量高于 FS 处理，并达到显著程度。在 2011 年、2012 和 2013 年，HRM 处理的单位面积产量分别比 FS 处理高 29.0％、25.3％和 20.1％。

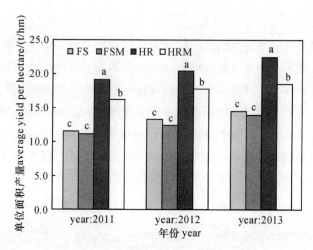

图 3-3　2011 年至 2013 年不同栽培方式对桃树单位面积产量的影响

注：处理间不同字母表示在 5％水平上差异显著。

一般来讲，果农在选择某种栽培方式时，优先考虑产量的形成。高垄栽培显著提高了单株产量，相应的明显降低了修剪量，尤其是在 HR 处理中，这与营养生长和生殖生长之间的竞争关系相一致，即使原本用于营养生长的光合产物转变成了产量（Chalmers 等，1984；Forshey 等，1989）。高垄栽培增加桃产量可能与其保持土壤肥力与改善土壤结构有关。高垄栽培改变土壤水分分布格局，能够防止高垄养分随降水淋洗入渗；另外，高垄栽培改变土壤结构，提高土壤含氧量，有利于提高根系从土壤吸收营养的能力，从而提高了 HR 与 HRM 处理桃的产量。

覆膜处理与相应不覆膜处理相比，产量有所下降，可能与覆膜处理具有较高土壤水分温度有关，这些条件增加了植株根系的生长，相应地减弱矿质营养元素向地上部分的供应（Kaspar 等，1992），这与有些学者认为覆膜可以增加作物产量相反（Glenn 等，2001）。

3.2.4　不同栽培模式对桃果实品质的影响

从表 3-4 可以看出，基本上所有与品质相关的指标（可溶性固形物、总糖、可滴定酸和维生素 C）受种植方式的影响。可溶性固形物主要受种植方式的影响，而覆膜对其基本无影响。各处理中，HRM 处理可溶性固形物在 2011 年与 2013 年含量最高，分别 12.1 °Brix 和 12.4 °Brix；HR 处理可溶性固形物在 2012 年含量最低，为 9.5 °Brix。在 2011 年、2012 年和 2013 年，HR 处理的桃果实中总糖含量显著低于其他处理，并且其含量分别为 8.1 mg/g、7.2 mg/g 和 8.5 mg/g，从三年的总糖数据来看，HRM、FS 和 FSM 处理桃果实中总糖含量无明显变化。在 2011 年，FS 和 FSM 处理桃果实中可滴定酸含量明显高于 HR 和 HRM 处理，但各处理可滴定酸含量在 2013 年无明显差异。三年中不同处理桃果实中可滴定酸含量在 0.06 mg/g 和 0.09 mg/g。从表 3-4 可以看出，种植方式与覆膜均对桃果实中维生素 C 含量具有明显影响。HR 处理维生素 C 含量明显高于其他处理，并且在 2013 年时含量最高，为 18.4 μg/g。与不覆膜处理相比，覆膜降低了桃果实中维生素 C 的含量，在 2011 年和 2012 年，高垄覆膜后维生素 C 含量分别降低 12.0% 和 4.8%，常规覆膜后维生素 C 含量降低 5.8% 和 3.1%。

表 3-4　2011 年至 2013 年不同栽培处理对可溶性固形物、
总糖、可滴定酸和维生素 C 的影响

年份 year	处理 treatment	可溶性固形物 /°Brix soluble solids	总糖/（mg/g） total sugar	可滴定酸 /（mg/g） titratable acid	维生素 C /（μg/g） ascorbic acid
2011	FS	10.5[b]	9.2[a]	0.06[a]	12.5[a]
	FSM	10.8[b]	9.5[a]	0.07[a]	11.0[b]
	HR	11.1[b]	8.1[b]	0.06[b]	14.5[a]
	HRM	12.1[a]	9.5[a]	0.06[b]	13.8[b]

续表 3-4

年份 year	处理 treatment	可溶性固形物 /°Brix soluble solids	总糖/（mg/g） total sugar	可滴定酸 /（mg/g） titratable acid	维生素 C /（μg/g） ascorbic acid
2012	FS	9.6[b]	8.2[a]	0.08[a]	9.5[a]
	FSM	9.7[b]	8.1[a]	0.09[a]	8.0[b]
	HR	9.5[b]	7.2[b]	0.06[b]	9.5[a]
	HRM	10.9[a]	8.5[a]	0.06[b]	9.2[b]
2013	FS	10.6[b]	10.3[a]	0.09[a]	15.0[c]
	FSM	10.6[b]	10.2[a]	0.08[a]	14.2[c]
	HR	10.6[b]	8.5[b]	0.09[a]	18.4[a]
	HRM	12.4[a]	10.5[a]	0.09[a]	16.1[b]

注：处理间不同字母表示在 5% 水平上差异显著

果实风味与果实中水溶性的物质密切相关，通常用可溶性固形物来表示。HRM 处理桃果实中可溶性固形物含量最高，这可能是高垄覆膜可以减弱降水对土壤水分含量的影响有关。从图 3-2 可以看出，同其他处理相比，在 7 月份大量降水发生时，HRM 处理 40 cm 和 60 cm 深度土壤水分含量变化较小。因此，高垄覆膜可以有效地阻止土壤表层水分升高，维持土壤水分在可控范围内。许多学者研究表明，在桃生长发育后期，适度降低水分供应可以提高果实中可溶性固形物含量（Boland 等，2000；Crisosto 等，1994），因此，由于高垄覆膜的措施与对照相比降低了土壤含水量，具有改善与提高桃果实的风味品质潜力。

维生素 C 是许多园艺作物主要的营养物质之一，其含量的多少常作为衡量果实品质的一个重要方面。在各处理中，HR 处理桃果实中维生素 C 含量最高。这可能与高垄种植可以获得更多的光照有关（Lee 等，2000）。在本研究中，桃树种植在高垄上，可以接收更多光照，所以，高垄种植的桃果实维生素 C 含量较高。不同处理中，具有较高维生素 C 含量的处理，其总糖含量往往较低，这种现象可能与维生素 C 的合成有关。植物中半乳糖途径是维生素 C 合成的主要生物途径（Wheeler 等，1998），此途径需要大量的糖转变为半乳糖供合成维生素 C 使用，所以，维生素 C 与总糖之间表呈现负相关的关系。与不覆膜处理相比，覆膜降低了维生素 C 的含量，这与减少灌溉可以提高许多作物中维生素 C 的含量结果相反（Lee 等，2000），对于这一现象还有待进一步研究。

3.2.5　不同栽培模式桃果实中氨基酸含量的变化

表 3-5 为 2012 年与 2013 年不同处理桃果实中氨基酸含量的变化。从表中可以看出，在桃果实中天冬酰胺的含量最高，其次为谷氨酰胺，并且在高垄不覆膜处理中它们的含量显著高于其他处理，在 2012 年、2013 年高垄覆膜栽培处理天冬酰胺含量比常规处理分别低 22.5％和 15.0％。除上述两种氨基酸外，不同处理中其他氨基酸含量变化不显著。覆膜以后桃果实中脯氨酸含量升高，在 2012 年与 2013 年高垄覆膜处理脯氨酸含量分别是常规处理的 1.2 倍与 1.5 倍。覆膜处理对天冬酰胺与谷氨酰胺影响较为明显，对于其他氨基酸，各处理间未达到显著水平。

表 3-5　2012 年至 2013 年不同处理对桃果实中氨基酸含量的影响

氨基酸 amino acids /(mg/g)	年份 year							
	2012				2013			
	HR	HRM	FSM	FS	HR	HRM	FSM	FS
天冬氨酸 asparagine	4.68^a	2.37^c	3.19^a	3.07^b	4.03^a	2.78^b	3.53^a	3.28^{ab}
谷氨酸 gluamine	0.44^a	0.34^b	0.37^a	0.39^a	0.42^a	0.36^a	0.39^a	0.38^a
亮氨酸 leucine	0.23^a	0.17^b	0.19^a	0.18^b	0.20^a	0.18^{ab}	0.20^a	0.18^{ab}
赖氨酸 lysine	0.23^a	0.18^b	0.18^b	0.18^b	0.21^a	0.18^a	0.21^a	0.18^a
丝氨酸 serine	0.23^a	0.15^a	0.16^a	0.16^a	0.19^a	0.16^{ab}	0.19^a	0.16^{ab}
丙氨酸 alanine	0.19^a	0.15^a	0.15^a	0.18^a	0.17^a	0.15^a	0.17^a	0.15^a
酪氨酸 tyrosine	0.17^a	0.10^{ab}	0.13^a	0.11^{ab}	0.14^a	0.12^a	0.14^a	0.12^a
精氨酸 arginine	0.16^a	0.09^{ab}	0.12^a	0.10^{ab}	0.13^a	0.11^a	0.13^a	0.11^a
甘氨酸 glycine	0.16^a	0.12^{ab}	0.15^a	0.13^{ab}	0.14^a	0.14^a	0.14^a	0.14^a
苏氨酸 threonine	0.13^a	0.11^a	0.11^a	0.10^a	0.12^a	0.11^a	0.12^a	0.11^a
苯丙氨酸 phenylalanine	0.12^a	0.10^a	0.10^a	0.10^a	0.11^a	0.10^a	0.11^a	0.10^a
缬氨酸 valine	0.12^a	0.11^a	0.10^a	0.10^a	0.12^a	0.11^a	0.12^a	0.11^a
脯氨酸 proline	0.11^b	0.13^a	0.09^b	0.11^a	0.12^{ab}	0.15^a	0.12^{ab}	0.10^b
异亮氨酸 isoleucine	0.11^a	0.09^a	0.10^a	0.09^a	0.10^a	0.10^a	0.10^a	0.10^a
胱氨酸 cysteine	0.07^a	0.06^a	0.05^a	0.05^a	0.07^a	0.06^a	0.07^a	0.06^a
组氨酸 hisidine	0.07^a	0.05^{ab}	0.06^a	0.05^{ab}	0.06^a	0.06^a	0.06^a	0.06^a
色氨酸 tryptophane	0.04^a	0.02^c	0.03^a	0.03^a	0.03^a	0.03^a	0.03^a	0.03^a
蛋氨酸 methionine	0.00^a	0.01^a	0.00^a	0.00^a	0.00^a	0.00^a	0.00^a	0.00^a

注：同一行中不同字母表示不同处理在 5％水平上差异显著

3.3 本章小结

在中国北方地区，将桃树种植在 80 cm 高的垄上并进行覆膜处理证明是一种比较有效改善桃品质的方法。与常规种植相比，高垄栽培可以促使桃树提前开花与成熟 2～3 d。高垄上种植桃树修剪量显著低于在常规种植，在 2011 年，HR 处理与 HRM 处理的修剪量分别比 FS 处理低 14.1％和 18.3％，而在 2012 年，HR 处理与 HRM 处理分别比 FS 处理低 8.9％和 14.6％。在 2011 年、2012 和 2013 年，HRM 处理的单位面积产量分别比 FS 处理高 29.0％、25.3％和 20.1％。各处理中，HRM 处理可溶性固形物在 2011 年与 2013 年含量最高，分别为 12.1 °Brix 和 12.4 °Brix。HRM 维生素 C 含量比常规处理提高 10％左右。在本研究中，HRM 处理无论在产量还是品质上均具有良好的表现，可作为一项有效改善果实品质的栽培措施用于将来推广使用。同时，本研究使用高垄栽培措施对我国存在相同问题（生长期内水分的不适时、适度供应导致果实品质降低）的桃、杏、李、苹果和梨（早、中熟品种）、葡萄及柑橘等果树具有重要的指导意义。

4 高垄栽培体系下环境因子与果实品质间的关系研究

一般来说，果实品质的好坏与其所生长的环境关系密切，如生态环境中光照强度、空气温度、土壤肥力等生态环境因子的变化都会对果实的生长发育和品质产生一定的影响。潘增光等通过套袋研究苹果果实品质形成与环境因子的关系发现，带孔塑料袋具有适度提高昼温、降低夜温、增加湿度的作用，有利于改善果实的品质（潘增光等，1995）。张琦等研究发现，果实着色面积随光照的增强而增大，果实中可溶性固形物与光照强度呈显著正相关关系（张琦等，2001）。王少敏等研究表明果实套袋可提高昼温并降低夜温，对增加光合产物积累与改善品质具有重要作用（王少敏等，2006）。大量研究表明土壤中放入有机肥后可以提高土壤中氮、磷、钾和有机质的含量，从而有利于增强土壤肥力，改善土壤的理化性状，为果树的生长发育提供良好的土壤环境与土壤肥力支持，最终提高果实产量并改善果实品质（何忠俊等，2002；胡小军等，2007；彭福田等，2006；李苹等，2002；张守仕等，2008）。另外，栽培措施反过来也会影响到果树的生长环境，对环境中的光照分布、空气温度、土壤肥力和土壤水分等产生影响。田永辉等研究表明，林茶间作改良土壤理化性状，改善茶园的温度、湿度等气候因子（田永辉等，2000）。冯存良等对苹果园生草栽培技术研究时发现，果园生草栽培明显改善苹果园生态环境，如提高土壤有机质含量，增加氮、磷与钾含量，使果园环境温度和土壤温度显著降低（冯存良等，2007）。吴刚等通过对果粮生态系统功能研究发现，果粮间作可增加果园抗逆性，优化系统生物种群结构，增加间作系统稳定性，另外，通过对该系统对土壤水分动态变化监测发现，整个生长季中果粮间作内表层（0～20 cm）土壤含水量、贮水量、有效水分含量均高于单作系统（吴刚等，1994）。

目前，通过结合园艺作物栽培实践技术和果园生态环境理论，对栽培模式、生长环境与品质之间的关系研究较为透彻。本章根据北京地区的降水特点采用高垄栽培方式种植桃树，但是，目前关于该种栽培种植方式对果园生态环境及其果实品质关系的研究报道较少，为此，本章主要研究主要栽培因子（冠层内光照分布、土壤含水量、温度、养分含量和环境温度）对桃果实品质的影响，为实现果园生态可持续发展提高理论依据。

4.1　材料与方法

4.1.1　试验材料

试验区的气候特征参见 3.2.1 部分。试验于 2012 年 1 月至 2013 年 8 月在北京市通州区果园进行，试验区位置图如图 4-1 所示。

图 4-1　通州区果园实试验区位置图

4.1.2 试验设计

本试验包括两个因素：种植方式和是否铺设黑色塑料薄膜，其中每个因素包含两个水平。种植方式分为高垄种植和常规种植，种植方式详见图 3-1，高垄种植桃树为 V 形，而常规种植桃树为开心型。各试验处理详见表 3-1。每个处理在果园内集中种植 2 hm²，分别在每个处理中随机选取 3 个试验点进行长期定位观测，主要进行土壤水分、养分、温度、环境温度及光照分布等的测定。

4.1.3 试验方法

4.1.3.1 桃栽培环境中光照分布的测定

光照分布的测定应用树冠立体分区法（魏钦平等，2004），但略有改动，在夏季修剪之前进行测定。由于种植方式对称，所以常规种植以树干为中心测定同一侧光照度，宽窄行种植以窄行中点为中心测定同一侧光照度，用细竹竿将树冠分成不同层次和方位的 0.5 m×0.5 m×1 m 立方体，同时把树冠垂直方向分成下层（距地面<1.0 m）、中层（距地面 1.0～2.0 m）和上层（距地面>2.0 m）3 个层次；每层再以各自的中心，向一侧均匀分为 0～0.5 m、0.5～1.0 m、1.0～1.5 m、1.5～2.0 m 和 2.0～2.5 m 五个部位。于 6 月上旬选晴朗天气，用 TSE-1339 型数字式照度计测定各立方体中心位置的光照强度，每次测定时间为 11:00，同时测定树冠上无枝叶部分光照强度作为对照，比值为相对光照强度，以测量的平均值为当年树冠不同层次、部位的相对光照度，共获得两年试验数据（2012 年与 2013 年）。

4.1.3.2 桃栽培环境中土壤水分含量的测定

将时域反射仪的探管安装在距离桃树 0.5 m 远的地方用于长期定位检测土壤水分含量。采用时域反射仪测定 0～100 cm 深度土壤含水量。从 4 月份开始每 10 d 左右进行一次测量，共获得 3 年试验数据（2010 年、2011 年与 2013 年）。

4.1.3.3 桃栽培环境中土壤温度的测定

每个试验点在距离地表 20 cm 和 40 cm 深度分别安装 1 个土壤温度传感器进行土壤温度的测量。在附近桃树上安装一个数据采集器，设置每隔 10 min 记录并存储一次各传感器的温度数据。使用笔记本电脑每隔 30 d 将数据采集器中的温度数据导出一次，共获得 1 年试验数据（2013 年）。

4.1.3.4 桃栽培环境中环境温度的测定

在每个选取的试验点安装一个 3 m 高的三角支架，从地面开始每隔 30 cm 安装一个温度传感器，用以测定该高度的空气温度。在三角支架中部安装一个数据采集器，设置每隔 20 min 记录并存储一次各传感器的温度数据。使用笔记

本电脑每隔 30 d 将数据采集器中的温度数据导出一次。共获得两年试验数据
（2012 年与 2013 年）。日平均温度的计算方法为将全天 24 h 内测定的温度数据
取平均值作为该日的平均温度（叶芝菡等，2002）。

4.1.3.5 桃栽培环境中土壤养分含量测定

土壤养分含量测定：在 2012 年 3 月份对 6 个观测地点土壤进行一次土壤养
分本底值的测定，主要测定距土壤表面 30 cm 深度外土壤中的全氮、有效磷、
有效钾、有机质和土壤 pH，不同处理养分的变化以此为参考进行计算。每个
观测点分别在每年 8 月中旬进行一次取样，土样取自距土壤表面 30 cm 深度的
土壤。土壤样品经风干去除侵入体和粗树根后过 2 mm 筛，最后，过 0.149 mm
筛后供测定土壤有机质与氮、磷、钾养分等使用，测定方法按《土壤农化分
析》方法进行（鲍士旦，2000）。全氮采用半微量凯氏法，有效磷采用碳酸氢
钠提取使用钼锑抗比色法，有效钾采用乙酸铵提取使用火焰光度法，有机质采
用重铬酸钾容量法，土壤 pH 的测定使用电位法。

4.1.3.6 桃果实品质评价因子的选择

可溶性固形物含量是衡量消费者对桃果实品质接受程度和是否购买的重要
指标，因此，选择可溶性固形物作为评价桃果实品质优劣的参考指标。

4.1.4 数据分析

采用 Excel 2013 和 SAS 统计软件对测定指标进行相应的统计分析与作图，
采用 SPSS 进行栽培因子与果实品质之间相关性的分析。

4.2 结果与分析

4.2.1 土壤含水量与果实品质的关系分析

4.2.1.1 不同处理土壤水分含量的变化

不同处理 4 月份到 7 月份降水量与土壤含水量的变化如图 4-2 所示，由图
可知，6 月份之前，高垄栽培与常规栽培不同温度土壤含水量的变化趋势基本
一致，主要是土壤表层 0～40 cm 深度土壤含水量波动较大，而 40～80 cm 处
土壤含水量的变化则较小；6 月份以后，由于降水次数及降水量明显增加，不
同处理土壤含水量变化趋势明显不同，常规栽培土壤含水量明显高于高垄栽
培，并且与常规栽培相比，高垄栽培处理土壤表层 0～40 cm 内土壤含水量波
动较小。常规栽培模式下，覆膜对土壤水分含量基本无影响，而在高垄栽培模
式下，覆膜对土壤 0～40 cm 的含水量具有明显影响，对 40 cm 以下土壤含水
量基本无影响。通过对 2011 年与 2013 年 4～7 月份土壤水分含量变化分析可

知，不同处理不同土壤深度土壤水分含量变化基本一致，表明高垄覆膜栽培处理可以有效阻止土壤中水分含量受外界降水的影响。

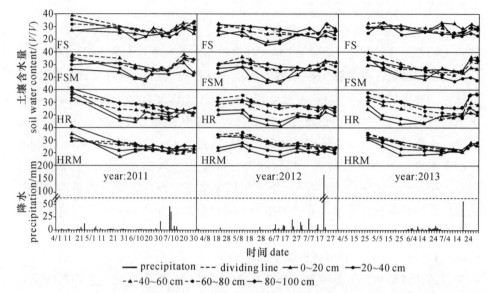

图 4-2　2011 年至 2013 年不同深度土壤水分含量与降水量之间的关系

4.2.1.2　试验区降水供给度分析

试验区 2011 年、2012 年与 2013 年降水与桃需水量的供求关系通过降水供给度 P_i 衡量（图 4-3）。从图中可以看出，除 7、8 月份外，其他月份的降水供给度均表现为严重不足，桃在 4、5 和 6 月份桃需水量相对较大，而此时降水供给度分别为 0.1、0.2 和 0.4，明显低于 1，表明桃树需要及时补充灌溉才能

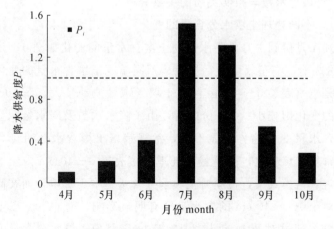

图 4-3　试验区三年平均降水供给度

维持正常的生长。7和8月份的降水供给度分别为1.5和1.3，明显高于1，表明降水已显著超过桃树对水分需求。采后至落叶期间，降水供给度又明显低于最佳供给线，因而需要进行适当地灌溉。

4.2.1.3　不同深度土壤水分含量的相关性分析

不同处理不同深度土壤含水量之间的相关性如表4-1所示。从表中可知，不同处理土壤含水量与深度之间关呈现不同的相关性。高垄栽培处理0～20 cm与20～40 cm土壤含水量之间呈极显著正相关关系，40～60 cm与60～80 cm土壤含水量之间呈显著正相关关系。高垄不覆膜处理20～40 cm与40～60 cm土壤含水量之间呈显著正相关关系，60～80 cm和80～100 cm土壤含水量之间呈显著正相关关系。常规覆膜处理各深度土壤含水量之间相关性并未达到显著程度。常规不覆膜处理土壤表层0～20 cm与20～40 cm土壤含水量之间呈显著负相关关系，而其他各层相关性较弱。

表 4-1　不同深度之间土壤含量的相关性分析

处理 treatments	相关系数 correlation coefficients	0～20 cm	20～40 cm	40～60 cm	60～80 cm	80～100 cm
高垄覆膜 HRM	0～20 cm	1.00	0.99**	0.61	0.62	0.69
	20～40 cm	0.99**	1.00	0.65	0.67	0.50
	40～60 cm	0.61	0.65	1.00	0.95*	0.66
	60～80 cm	0.62	0.67	0.95*	1.00	0.68
	80～100 cm	0.69	0.50	0.66	0.68	1.00
高垄不覆膜 HR	0～20 cm	1.00	0.36	0.53	0.26	0.20
	20～40 cm	0.36	1.00	0.98*	0.69	0.68
	40～60 cm	0.53	0.98*	1.00	0.65	0.73
	60～80 cm	0.26	0.69	0.65	1.00	0.93*
	80～100 cm	0.20	0.68	0.73	0.93*	1.00
常规覆膜 FSM	0～20 cm	1.00	−0.48	0.41	0.06	0.09
	20～40 cm	−0.48	1.00	0.59	0.73	−0.71
	40～60 cm	0.41	0.59	1.00	0.58	0.54
	60～80 cm	0.06	0.73	0.58	1.00	−0.78
	80～100 cm	0.09	−0.71	0.54	−0.78	1.00

续表 4-1

处理 treatments	相关系数 correlation coefficients	0～20 cm	20～40 cm	40～60 cm	60～80 cm	80～100 cm
常规不覆膜 FS	0～20 cm	1.00	−0.99*	−0.57	0.28	0.17
	20～40 cm	−0.99*	1.00	0.52	−0.22	−0.11
	40～60 cm	−0.57	0.52	1.00	−0.65	0.60
	60～80 cm	0.28	−0.22	0.65	1.00	0.79
	80～100 cm	0.17	−0.11	0.60	0.79	1.00

注：* 表示在 0.05 水平显著线性相关，** 表示在 0.01 水平显著线性相关

4.2.1.4 不同处理土壤水分含量与果实可溶性固形物的相关性分析

不同处理土壤含水量与可溶性固形物含量的相关关系如表 4-2 所示，从表中可以看出，土壤含水量与可溶性固形物含量之间呈负相关关系，但均未达到显著程度。总体而言，高垄栽培桃果实中可溶性固形物含量与土壤含水量的相关性高于常规栽培。对于高垄种植与常规种植来说，覆膜并未使土壤含水量与果实可溶性固形物含量的相关性提高。高垄栽培 20～60 cm 深度土壤含水量与果实可溶性固形物含量之间的相关性高于其他深度，常规栽培中也具有类似的规律。各处理中，80～100 cm 土壤含水量与可溶性固形物之间的相关性最低。

表 4-2 不同深度土壤含量与可溶性固形物含量的相关性分析

相关系数 correlation coefficients	高垄覆膜 HRM	高垄不覆膜 HR	常规覆膜 FSM	常规不覆膜 FS
0～20 cm	−0.65	−0.42	−0.57	−0.56
20～40 cm	−0.87	−0.80	−0.55	−0.69
40～60 cm	−0.81	−0.89	−0.64	−0.66
60～80 cm	−0.75	−0.71	−0.19	−0.36
80～100 cm	−0.48	−0.51	−0.34	−0.25

注：* 表示在 0.05 水平显著线性相关

4.2.2 不同栽培模式下冠层光照强度分布与果实品质的关系

4.2.2.1 桃树冠层光照强度的分布

通过对 2 年的光照强度分布分析发现，树形、树体结构和枝叶的数量是影响桃树冠层内相对光照强度分布的主要因素，从图 4-4 可以看出，开心形与 V 形冠层内相对光照强度分布总趋势是从内到外、从上到下逐渐递减；在水平方

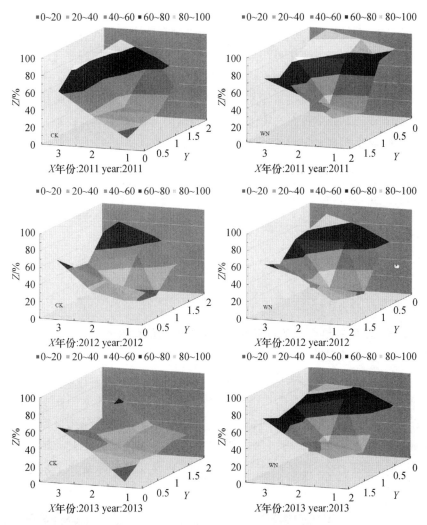

X 轴是树冠内某点到地面的垂直距离；Y 轴是树冠某点到对称点的距离；Z 轴是相对光照强度。

图 4-4　不同处理相对光照强度分布

向上，同一层次，离树干越近，相对光照强度越低；在垂直方向上，同一部位，上、中层高于下层。由图 4-4 可知，常规种植开心形光照主要集中在上层，并且下层的相对光照强度多低于 20%。对于高垄 V 形，上层相对光照强度基本保持在 80% 以上，并且各层光照分布均匀，并且各层光照强度均高于同层次开心形。通过比较同种栽培模式下覆膜与不覆膜光照强度的分布发现，覆膜对冠层内光照分布基本无影响。不同处理不同年份的光照强度基本一致，可见，高垄栽培模式疏通了树体上下光路，使下层光照强度增加，从而有利于提高桃树冠层对光能的利用，增加光合产物的积累，利于果实品质的提高。

4.2.2.2 冠层光照分布与果实中可溶性固形物含量的相关性分析

冠层光照分布与果实中可溶性固形物含量的相关关系如表 4-3 所示，从表中可以看出，果实中可溶性固形物含量与不同冠层高度呈正相关关系，但均未达到显著程度。高垄种植桃树冠层光照分布与可溶性固形物之间的相关性高于常规种植。覆膜对光照分布与可溶性固形含量之间相关性影响较小。冠层上部与可溶性固形物含量之间相关性高于冠层中部与下部。

表 4-3   冠层光照分布与果实中可溶性固形物含量的相关分析

相关系数 correlation coefficients	高垄覆膜 HRM	高垄不覆膜 HR	常规覆膜 FSM	常规不覆膜 FS
上层 upper（距地面＞2.0 m）	0.61	0.51	0.42	0.49
中层 middle（距地面 1.0～2.0 m）	0.48	0.40	0.35	0.29
下层 lower（距地面＜1.0 m）	0.34	0.33	0.24	0.14

注：* 表示在 0.05 水平显著线性相关

4.2.3　不同栽培模式下环境温度与果实品质的关系分析

4.2.3.1　生长期内环境温度的变化

不同年份高垄不覆膜栽培与常规覆膜栽培桃树生长期内环境温度如图 4-5、图 4-6 所示，从图中可以看出，不同栽培方式对环境温度的影响相似，随着时间增加，温度呈现出逐渐升高的总趋势，但高垄栽培环境温度在整体上略低于常规栽培的环境温度。在 3～6 月份时两种栽培方式环境温度波动较大，进入 7 月份以后，温度变化趋于平稳，温差较小。从温度的年际变化上来看，高垄

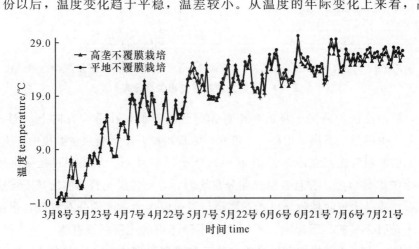

图 4-5   2012 年高垄栽培与常规栽培生长期内环境温度变化趋势

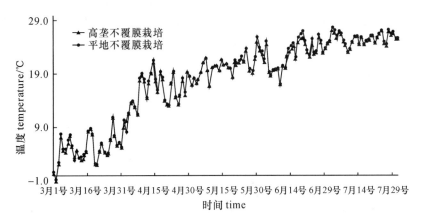

图 4-6 2013 年高垄栽培与常规栽培生长期内环境温度变化趋势

栽培与常规栽培生长期内的温度变化也基本一致。总之，两种栽培方式对环境温度总体的变化趋势影响较小，但是，与常规栽培相比，高垄栽培降低了环境温度。另外，相同种植模式下，覆膜处理环境温度与不覆膜基本一致，为了便于图中温度趋势的观察未列出。

4.2.3.2 环境温度的日变化规律分析

在春、秋、冬三季均有可能出现霜冻，由于环境温度骤然下降是导致霜冻出现的主要原因，当地表温度下降至 0℃ 以下，使农作物细胞受到严重损害，在某些情况下甚至出现死亡。每年春季 3～4 月份气温变化剧烈，易形成霜冻，因此，选择 2012 年 3 月 10 日距地面不同高度气温分析环境温度的日变化，同时并分析不同处理易出现霜冻的时间。图 4-7 是高垄栽培处理 0～3 m 内不同高度环境温度的日变化，从图中可以看出，地表温度变化较为剧烈，其他各层温度变化基本一致，并且 0 点至 12 点各不同高度温差较 12 点至 23 点的温差大。高垄栽培处理易形成霜冻的时间在 17 点至 18 点，因为此段时间内地面温度降至 0℃ 以下，易形成霜冻。图 4-8 是常规栽培处理 0～3 m 内不同高度环境温度的日变化，从图中可以看出，常规栽培处理地表面温度在一天当中波动较大，其他各层温度变化趋势基本一致，0 点至 12 点各不同高度温差较 12 点至 23 点的温差大。常规栽培处理在 17 点至 18 点地表温度降至 0℃ 以下。其中，地表温度下降明显高于其他高度。

通过对比高垄栽培与常规栽培环境温度的日变化发现，两者在不同时间内温度变化并不一致，具体表现为：0 点至 6 点高垄栽培的温度略低于常规栽培，10 点至 16 点高垄栽培的温度略高于常规栽培，19 点以后两者温度基本一致。

通过观察两种栽培方式地表温度降至 0℃ 以下的时间发现，高垄栽培处理要早于常规栽培处理。另外，相同种植模式下，覆膜处理环境温度与不覆膜基本一致，为了便于图中温度趋势的观察未列出。

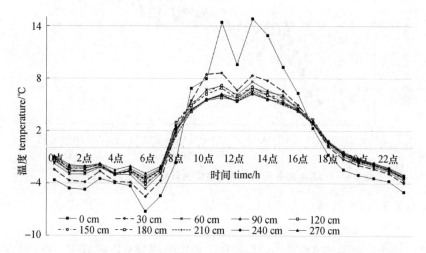

图 4-7　高垄不覆膜栽培处理距地面不同高度环境温度的日变化趋势

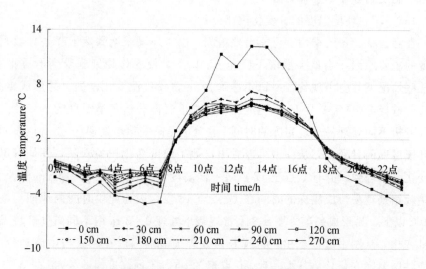

图 4-8　常规不覆膜栽培处理距地面不同高度环境温度的日变化趋势

4.2.3.3　环境温度与果实中可溶性固形物含量的相关性分析

环境温度与果实中可溶性固形物含量的相关系数为 -0.14，相关性较低，表明环境温度对果实中可溶性固形物含量的影响较小。

4.2.4　不同栽培模式下土壤温度与果实品质的关系分析

4.2.4.1　生长期内土壤温度的变化

2013 年高垄不覆膜处理与常规不覆膜处理土壤表层 0～40 cm 深度土壤温度的变化趋势如图 4-9 所示。可以看出，同一处理不同深度土壤温度相比，高垄栽培处理 20 cm 深度处土壤温度明显高于 40 cm，而在常规栽培处理中也具有类似的趋势。在 7 月份以前，所有处理 20 cm 与 40 cm 处土壤温度差较大，而 7 月份以后，所有处理两个深度土壤温度差变小。不同处理相同深度土壤温度相比，高垄不覆膜栽培处理 20 cm 与 40 cm 处土壤温度略高于相应的常规不覆栽培处理，从中可以看出，高垄栽培具有提高土壤温度的作用。另外，相同种植模式下，覆膜处理环境温度与不覆膜基本一致，为了便于图中温度趋势的观察未列出。

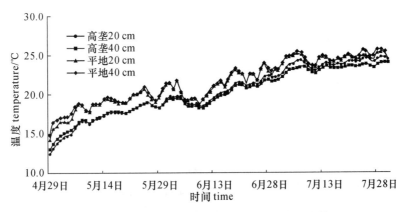

图 4-9　不同处理生长期内土壤表层温度变化趋势

4.2.4.2　生长期内土壤温度日变化规律分析

选取高垄不覆膜栽培处理 2013 年 5 月 1 日不同土壤深度温度为代表分析土壤温度的日变化，从图 4-10 可以看出，土壤 20 cm 深度温度变化较为剧烈，在上午 9 点时达到全天当中的最低温度，在 20 点时达到最高值；而 40 cm 深度土壤温度变化则比较平稳，在 14 点时达到全天当中的最低温度，在 23 点时达到最高值。高垄栽培不同深度温度的变化趋势表明土壤表层温度变化受环境温度影响较大，深层土壤温度受外界环境温度影响较小。

选取常规不覆膜栽培处理 2013 年 5 月 1 日不同土壤深度温度为代表分析常规栽培土壤温度的日变化（图 4-11）。土壤 20 cm 深度温度呈现余弦变化，在上午 10 点时达到全天当中的最低温度，在 19 点时达到最高值；而 40 cm 深度土壤温度变化则比较平稳，在 13 点时达到全天当中的最低温度，在 23 点时达到最高值。不同深度温度的变化趋势表明土壤表面温度变化受环境温度影响较大，深层土壤温度受外界环境温度影响较小。常规栽培不同深度温度的变化趋势表明土壤表层温度变化受环境温度影响较大，深层土壤温度受外界环境温度影响较小。

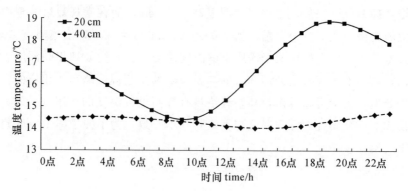

图 4-10　高垄栽培处理不同深度土壤温度的日变化

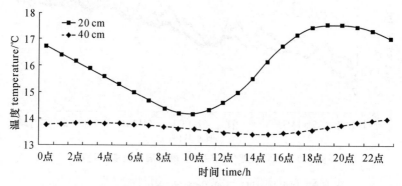

图 4-11　常规不覆膜栽培处理不同深度土壤温度的日变化

通过对比高垄栽培与常规栽培不同深度温度的日变化发现，两者在全天内温度变化趋势基本一致，高垄栽培处理不同深度土壤温度在同一时刻略高于常规栽培处理，说明高垄栽培具有提高不同深度土壤温度的作用。另外，相同种植模式下，覆膜处理环境温度与不覆膜基本一致，为了便于图中温度趋势的观察未列出。

4.2.4.3　土壤温度与果实中可溶性固形物含量的相关性分析

不同处理土壤温度与果实中可溶性固形物含量如表 4-4 所示。从表中可以看出，不同土壤深度温度与果实中可溶性固形物含量呈正相关关系，但未达到显著程度，并且各处理相关性差异较小。在各处理中，20～40 cm 土壤温度与果实中可溶性固形物含量的相关性高于 0～20 cm。覆膜并不影响地温与可溶性固形物之间的相关性。

表 4-4 不同深度土壤温度与果实中可溶性固形物含量的相关分析

相关系数 correlation coefficients	高垄覆膜 HRM	高垄不覆膜 HR	常规覆膜 FSM	常规不覆膜 FS
0～20 cm	0.18	0.26	0.21	0.11
20～40 cm	0.30	0.32	0.36	0.28

注：* 表示在 0.05 水平显著线性相关

4.2.5 不同栽培模式下土壤养分的变化

表 4-5 是两年试验期间生长季不同处理土壤养分的变化状况。从表中可知，2012 年与 2013 年生长季结束后所有处理土壤有机质和有效磷含量均有所下降，而全氮含量、有效钾含量与 pH 有所升高。与常规栽培处理相比，高垄栽培处理有机质和有效磷含量下降幅度较小，而高垄栽培处理全氮、有效钾和 pH 含量上升幅度较大。覆膜对土壤养分含量变化的影响较小。两年试验结束后，高垄覆膜栽培处理有机质和有效磷含量分别下降 7.9%、3.1%，而常规覆膜栽培处理分别下降 8.6%、3.7%，表明高垄栽培具有维持土壤养分作用；高垄覆膜栽培处理全氮、有效钾和 pH 含量分别升高 10.4%、10.3% 和 0.0%，常规覆膜栽培处理分别升高 7.4%、7.6% 和 0.1%，说明高垄栽培可以有效地保持土壤的肥力。

表 4-5 不同处理 0～30 cm 土壤全氮、有效磷、有效钾、有机质和 pH 的影响

养分类型 nutrients	处理 treatments	Δ2012	Δ2013	平均/% Δ2y
全氮/(g/kg) total nitrogen	高垄不覆膜栽培（HR）	0.06	0.04	12.4
	常规不覆膜栽培（FS）	0.04	0.02	5.4
	常规覆膜栽培（FSM）	0.05	0.03	10.4
	高垄覆膜栽培（HRM）	0.04	0.02	7.4
有效磷/(mg/kg) available phosphorus	高垄不覆膜栽培（HR）	−0.60	−0.70	−2.7
	常规不覆膜栽培（FS）	−0.80	−0.70	−3.5
	常规覆膜栽培（FSM）	−0.70	−0.75	−3.1
	高垄覆膜栽培（HRM）	−0.50	−0.65	−3.7

续表 4-5

养分类型 nutrients	处理 treatments	Δ2012	Δ2013	平均/% Δ2y
有效钾/(mg/kg) available potassium	高垄不覆膜栽培（HR）	11.00	8.20	9.1
	常规不覆膜栽培（FS）	10.00	5.00	12.6
	常规覆膜栽培（FSM）	12.00	8.60	10.3
	高垄覆膜栽培（HRM）	9.80	5.40	7.6
有机质/(g/kg) organic matter	高垄不覆膜栽培（HR）	−0.90	−0.86	−9.1
	常规不覆膜栽培（FS）	−1.70	−1.60	−11.6
	常规覆膜栽培（FSM）	−1.10	−0.76	−7.9
	高垄覆膜栽培（HRM）	−1.75	−1.52	−8.6
土壤 pH soil pH	高垄不覆膜栽培（HR）	−0.03	0.02	−0.1
	常规不覆膜栽培（FS）	0.03	0.01	0.0
	常规覆膜栽培（FSM）	−0.01	0.01	0.0
	高垄覆膜栽培（HRM）	0.02	0.01	0.1

注：Δ2012 表示 2012 年生长季土壤营养物质的变化量；Δ2013 表示 2013 年生长季土壤营养物质的变化量；Δ2y（%）两年试验结束后土壤营养物质变化的百分比

4.3 讨论

4.3.1 各栽培因子对桃果实品质的影响

通过分析不同处理 4 月份到 7 月份土壤含水量的变化可知，在没有明显的外界降水时，不同处理土壤水分含量变化基本一致，但在有外界降水时，高垄栽培土壤表层 0～40 cm 内土壤水分含量变化幅度明显小于常规栽培。主要原因是雨水沿高垄两侧的坡地汇集到垄沟内，进入果园的排水系统被迅速排出，所以降水对高垄栽培土壤中水分含量影响较小。常规栽培处理中雨水不能及时排出，全部入渗到土壤中，从而使土壤中水分含量升高。因此，高垄栽培可以有效调控土壤水分含量，使之不易受到外界环境中降水的影响，高垄栽培方式有利于维持土壤水分含量在果树适宜生长的范围内，为果树的生长发育奠定良好的水分基础，本试验中各处理中土壤水分的差异是导致果实品质发生变化的主要因素之一。果实风味与果实中水溶性的物质密切相关，通常用可溶性固形物来表示。高垄覆膜处理桃果实中可溶性固形物含量最高，许多研究表明，在桃生长发育后期，适度降低水分供应可以提高果实中可溶性固形物含量

（Boland 等，2000；Crisosto 等，1994），因此，由于高垄覆膜的措施与对照相比降低了土壤含水量，具有改善与提高桃果实风味品质潜力。

本研究结果表明，不同栽培模式对果园光照分布具有明显影响，高垄栽培树型不同层次光照明显优于常规种植开心形，由于高垄 V 树形调节了枝叶的空间分布，使各层光照相对于开心型分布更为均匀，疏通了树体上下光路，使下层光照强度增加，从而提高桃树冠层对光能的利用。前人研究表明株距配置对于建造良好的群体冠层结构具有重要意义，合理的株行距可以改善冠层内的光照、温度和 CO_2 等微环境，影响群体的光合效率（Jackson 等，1980；Sansavini 等，1996；Willaume 等，2004；Marini 等，2000）。通过对不同处理果实品质的分析发现，高垄栽培种植方式可溶性固形物含量明显高于常规种植方式，分析其原因主要为：与常规种植相比，高垄栽培增加了种植密度，从而增加单位面积上截获更多的光合有效辐射，增加光合产物的积累，最终有利于提高单位面积产量和改善果实的品质。

通过对不同处理 2012 年与 2013 年的日平均温度数据分析发现，高垄栽培环境的温度在大部分时间内略低于常规栽培的环境温度，并且两年温度数据均得到类似的结果，因此，与常规栽培相比，高垄栽培降低环境的温度，这对于提高果实品质来说具有重要意义。白天光合产物积累大量有机物，而由于高垄栽培温度相对较低，因而消耗也低，有利于光合同化产物的积累，最终有助于改善果实的品质（潘瑞炽，2008），而表 4-2 中有关品质的指标也印证了这一点。另外，通过分析日平均环境温度变化发现，高垄栽培具有防霜冻的作用，霜冻是指土壤表面和植株表面的温度下降到足以引起农作物遭受伤害或死亡的温度。因此，霜冻发生时，近地层的气温一般可以在 0℃ 以下；也可在 0℃ 以上、5℃ 以下的范围内。通过对不同高度环境温度的日变化分析可知，由于高垄栽培种植的桃树距地面 1 m 左右，在这个高度不易形成霜冻，因此，高垄栽培与常规栽培相比具有防霜冻的作用。

通过对高垄栽培与常规栽培处理不同土壤深度温度日变化分析可知，高垄栽培具有提高土壤温度的作用，其原因可能为高垄高于地面 80 cm，因此整个垄处在地上空气中，由于空气温度高于土壤温度，所以土壤吸收热量后使土壤温度升高，这也是高垄栽培土壤表层温度高于常规栽培土壤温度以及高垄表层温度变化幅度高于常规栽培的主要原因。高垄栽培提高土壤温度后，有利于根系的生长发育，同时也有利于水分、养分等的吸收，因此，与常规栽培相比，高垄栽培有利于提高根系活力，从而促使地上部分健康生长，从而有利于改善果实的品质。

土壤中的养分是果树生长发育的基础，也是果实品质形成的关键因素。本研究结果表明，与常规栽培相比，高垄栽培土壤中全氮、有效钾等的含量高于常规栽培，高垄栽与常规栽培模式下土壤中有机质与有效磷的含量，但高垄栽培降低幅度明显低于常规栽培，说明高垄栽培可以有效保持土壤肥力。两年试验结束后土壤中全氮与有效钾含量有所上升，而有机质与有效磷含量有所下降，主要原因可能为生长期内主要施用氮肥与钾肥，而没有施用有机肥有关。

总之，高垄栽培种植模式有效地改善果园的生态环境，主要表现在有效地调控土壤含水量，增加冠层内的光照强度，降低环境温度，提高土壤温度，有效地保持土壤的肥力，因此，高垄栽培种植模式有效地促进各栽培因子向改善桃果实品质的方向发展，最终形成以土壤水分起主导作用，其他栽培因子为辅，各栽培因子协同作用促使高垄栽培桃果实品质改善。所以，高垄栽培模式不但提高桃果实品质，还明显改善果园的小气候。

4.3.2 影响桃果实品质的主要栽培因子分析

水分、温度与光照是影响果实品质的主要生态因素，通过对不同生态因素与果实品质之间相关关系分析可以看出，水分与果实中可溶性固形物含量的相关性最高，说明水分影响桃果实中可溶性固形物的主要生态因素。本研究表明，高垄覆膜栽培处理土壤含水量与可溶性固形物含量相关性最高，因而可以明显提高果实中可溶性固形物含量。通过分析不同处理冠层光照分布与可溶性固形物含量之间关系可知，它们之间的相关系数较高，是本研究中影响桃果实中可溶性固形物含量的另一个主要因素。本研究表明，高垄覆膜处理各层光照分布优于常规处理，而增加光照可以提高果实中可溶性固形物的含量，所以，高垄覆膜的栽培方式有利于提高果实中可溶性固形物的含量。温度是影响果实品质的重要生态因素，但在本研究中发现，环境温度与果实中可溶性固形物的相关性较低，表明环境温度对果实中可溶性固形物的影响较小；土壤温度与可溶性固形物之间的相关性较低，说明地温对果实中可溶性固形物含量的影响不大。综上可知，在水分、温度与光照三个生态因素中，高垄栽培体系中果实品质主要受土壤水分含量影响。

4.4 本章小结

本章研究结果表明，高垄栽培果园的小气候环境以及肥力状况优于常规栽培果园。通过对 2011 年、2012 年与 2013 年降水与桃树需水量的供求关系分析可知，除 7、8 月份外，其他月份的降水供给度均表现为严重不足，桃在 4、5 和 6 月桃需水量相对较大，而此时降水供给度分别为 0.1、0.2 和 0.4，明显低于 1，表明桃树需要及时补充灌溉才能维持正常的生长。7 和 8 月份的降水供给度分别为 1.5 和 1.3，明显高于 1，表明降水已显著超过桃树对水分需求。高垄覆膜栽培处理土壤表层 0～40 cm 深度土壤含水量波动较小，而常规栽培处理则变化较大，各处理不同深度土壤水分含量变化规律表明高垄覆膜栽培处理可以有效阻止土壤中水分含量受外界降水的影响。高垄栽培树 V 形中下层相对光照强度基本保持在 50％以上，而常规开心形下层的相对光照强度多低于 30％。高垄栽培树 V 形疏通了树体上下光路，使光照在冠层内分布更为合理，为改善果实品质和增加产量奠定基础。高垄栽培环境的温度在大部分时间内略低于常规栽培的环境温度。通过对不同处理土壤温度的分析可知，高垄栽培有提高土壤温度的作用，高垄栽培土壤表层 0～20 cm 内土壤温度变化幅度明显大于常规栽培。高垄覆膜栽培处理有机质和有效磷含量分别下降 7.9％、3.1％，而常规覆膜栽培处理分别下降 8.6％、3.7％，表明高垄栽培具有维持土壤养分作用；高垄覆膜栽培处理全氮、有效钾和 pH 含量分别升高 10.4％、10.3％和 0.0％，常规覆膜栽培处理分别升高 7.4％、7.6％和 0.1％，表明高垄栽培可以有效地保持土壤的肥力。

通过对不同生态因素与果实品质之间相关关系分析可以看出，高垄覆膜栽培 20～60 cm 深度土壤含水量与果实可溶性固形物含量之间的相关性高于其他深度，常规栽培中也具有类似的规律。各处理中，80～100 cm 土壤含水量与可溶性固形物之间的相关性最低。果实中可溶性固形物含量与不同冠层高度呈正相关关系，但均未达到显著程度，高垄种植桃树冠层光照分布与可溶性固形物之间的相关性高于常规种植，冠层上部（0.60）与可溶性固形物含量之间相关性高于冠层中部（0.30）与下部（0.20）。环境温度与果实中可溶性固形物含量的相关系数为－0.14，相关性较低，表明环境温度对果实中可溶性固形物含量的影响较小。在各处理中，20～40 cm 土壤温度与果实中可溶性固形物含量的相关性高于 0～20 cm。覆膜并不影响地温与可溶性固形物之间的相关性。在水分、温度与光照三个生态因素中，水分是影响果树高垄栽培体系果实品质的主要因素。

5 高垄栽培改善桃果实品质的糖酸代谢生理研究

在蔷薇科果树中，光合产物主要以山梨醇和蔗糖的形式进行转运，然后在细胞内经过各种酶的催化作用迅速转变为其他糖类（如葡萄糖和果糖等）。未成熟桃果实中各种糖酸含量均较低，而在成熟桃果实中蔗糖、苹果酸含量占可溶性糖、有机酸含量的70%左右（Jiang 等，2013）。糖是果实中重要的调节因子，可调控、诱导或阻遏某些基因的表达以及发挥作用（Loescher 等，1987）。生长期内糖酸的积累是果实风味形成的基础，它们的组成及其配比与果实甜酸风味紧密相关，是改善桃品质的关键（张海森等，2005；牛景等，2006；贾惠娟等，2007；赵剑波等，2008，2009）。在桃果实的生长发育过程中，糖类和有机酸类物质的转化是一个连续的生理过程，通过该过程的分析可以判断影响果实风味的主要糖、酸等组分，并且对糖酸组分含量变化的分析可以判断果实的生理成熟（Chapman 等，1990，1991）。关于不同桃品种在生长期内糖酸含量变化规律的研究已有较多报道，这些研究对摸清果实生长发育过程糖酸组分积累特点提供了重要的参考，而且为进一步研究果实中糖酸代谢提供了科学依据。

蔗糖、葡萄糖、果糖和山梨醇是桃果实中主要的可溶性糖，其含量高低对果实品质起重要的决定作用。桃属于蔗糖积累型果实，在果实生长发育后期开始迅速积累蔗糖，这个过程主要受蔗糖代谢相关酶的调控影响（Vizzotto 等，1996）。蔗糖合成酶（SS）、蔗糖磷酸合成酶（SPS）和酸性转化酶（AI）等是与蔗糖代谢和积累密切相关的主要酶类，在果实组织中，蔗糖合成酶既能催化蔗糖合成又能催化蔗糖分解，蔗糖磷酸合成酶被作为催化蔗糖合成的主要酶，酸性转化酶催化蔗糖分解为单糖。桃果实中山梨醇氧化酶是山梨醇代谢的主要酶，它催化山梨醇转为葡萄糖（Bianco 等，1996）。在一些果树中有关糖积累与糖代谢相关酶之间关系的研究已有报道，如在果实发育初期蔗糖含量与相关转化酶活性呈负相关关系，蔗糖磷酸合成酶活性升高与蔗糖积累关系密切，并且在不同发育时期蔗糖磷酸合成酶活性表现不同（Moriguchi 等，1988；Hubbard 等，1991；Moriguchi 等，1992，1996；Komatsu 等，1999）。目前桃果实中与糖代谢相关酶活性的变化有一些研究（Bianco 等，1996；Bianco 等，2000；Kobashi 等，2000），但多数报道集中在不同品种之间相关代谢酶活性的比较上，关于栽培方式对桃果实中相关糖代谢酶活性的研究报道较少。栽培措施是果实发育及品质形成的重要基础，因此通过探讨糖及其代谢相关酶在不同栽培方式下酶活力的变化，旨在从生理水平为探索栽培方式桃果实糖积累和调控提供相应的理论依据。

5.1　材料与方法

5.1.1　试验材料与气候条件

参见 3.2.1 部分。

5.1.2　试验设计

试验处理详见 3.2.2 部分。

5.1.3　试验方法

5.1.3.1　桃果实样品采集

1. 不同发育时期桃果实样品采集

样品采集于 2012 年 4 月 16 日开始（盛花后 30 d），每 20 d 采样 1 次。样品采集于上午 9 点至 11 点进行，分别从标记植株树冠东、西、南、北四个方向随机选取无病虫害的果实装入冰壶，将其带回实验室进行处理。果肉切成碎片，用液氮处理后装入密封袋中，立即置于 $-70\,^{\circ}\!C$ 冰箱中保存，供测定不同时期糖酸组分含量及糖代谢相关酶活性使用。

2. 不同发育时期桃果实糖酸分布样品采集

试验在 2013 年进行，试验材料为 7 年生桃品种"白凤"。于花后 60 d（未成熟）与 100 d（成熟）进行取样，样品采集于上午 9 点至 11 点进行，分别从标记植株树冠东、西、南、北四个方向随机选取无病虫害的果实装入 $4\,^{\circ}\!C$ 的保温箱中，将其带回实验室进行处理。

5.1.3.2　桃果实中糖酸组分含量测定

称取 $-70\,^{\circ}\!C$ 条件下保存的桃果实样品约 5 g，放入研钵中，加入 10 mL 蒸馏水混匀研磨样品，$4\,^{\circ}\!C$、10 000 r/min 离心 20 min。上清液经 0.45 μm Sep-Pak 微孔滤膜过滤，消除非极性和较大颗粒。糖和有机酸采用高效液相色谱仪 DIONEX（P680）测定。糖测定色谱条件：糖柱 Transgenomic CARBOSep CHO-620，流动相重蒸水，流速 0.5 mL/min，检测器为示差检测器（DIONEX PAD-100）；有机酸测定色谱条件：酸柱 Agilent poroshell 120SB-C18（4.6 mm×100 mm，7 mm），流动相 A：B＝99.5：0.5（其中，A 为 2.28 g $K_2HPO_4 \cdot 3H_2O$；B 为甲醇），流速 0.5 mL/min，检测波长为 210 nm，检测器

为二极管阵列检测器（Shodex RF-101）。

5.1.3.3 甜度值与酸度值的计算

将蔗糖甜度定为 100，以此为标准进行甜度计算，则果糖为 175，葡萄糖为 70，山梨醇为 40。甜度值＝蔗糖含量×100＋果糖含量×175＋葡萄糖含量×70＋山梨醇含量×40。

酸度值计算方法：将柠檬酸酸度为 100，以此为标准进行酸度计算，则苹果酸为 210。酸度值＝柠檬酸含量×100＋苹果酸含量×175。

5.1.3.4 桃果实中糖代谢相关酶活性测定

1. 酶液的提取

蔗糖合成酶、蔗糖磷酸合成酶、酸性转化酶与中性转化酶酶液的提取参照 Moriguchi（1990）的方法。称取 1.0 g 液氮处理的果实样品，并加入 6 mL 提取液（分两次加入）于冰浴的研钵中。研磨后的匀浆经 5 层脱脂纱布过滤，转入 10 mL 离心管中在 2℃、10 000g 离心 20 min，收集上清液用于测定各种酶的活性。提取液按以下方法进行配制：1 mmol/L EDTA、2.5 mmol/L DTT、0.1％（W/V）BSA（牛血清蛋白）、10 mmol/L $MgCl_2$ 和 50 mmol/L Hepes-NaOH（pH＝7.5）。

山梨醇氧化酶酶液的提取主要参考 Moriguchi 等（1990 年）的方法。称取 1.0 g 液氮处理果实样品，并加入 5 mL 提取液于冰浴的研钵中。研磨后的匀浆转入 10 mL 离心管中在 2℃、10 000g 离心 15 min，收集上清液于 10 mL 刻度试管。剩余的残渣加入 4 mL 缓冲液再提取 1 次，经离心后合并上清液并定容至 10 mL，用于酶活性测定。提取液按以下方法进行配制：0.2 mol/L Tris-HCl 缓冲液（pH＝8.8）、25 mmol/L $MgCl_2$ 和 15 mmol/L NaN_3。

2. 酶活性测定

（1）蔗糖磷酸合成酶活性测定。含有蔗糖磷酸合成酶的提取液 0.05 mL，加入 0.4 mL 混合反应液 ［4 mmol/L F-6-P、100 mmol/L Hepes-NaOH（pH 7.5）、1 mmol/L EDTA、5 mmol/L $MgCl_2$ 和 3 mmol/L UDPG，其中 UDPG 放在最后加入］。上述混合反应液在 37℃恒温水浴中反应 40 min，然后加入 0.2 mL 1 mol/L NaOH，终止酶液反应，最后把酶液放在沸水浴中加热 5 min，等冷却后加入 0.5 mL 12％间苯二酚和浓 HCl，在 80℃下保温 8 min，冷却后在 A_{520} 下测定蔗糖含量。对照中不加酶液，加入等量的蒸馏水，其他操作与酶液相同。

（2）蔗糖合成酶活性测定。含有蔗糖合成酶的提取液 0.05 mL 加入

0.4 mL 混合反应液（3 mmol/L 果糖、5 mmol/L $MgCl_2$、50 mmol/L Hepes-NaOH（pH＝7.5）和 3 mmol/L UDPG）。上述混合反应液在 37℃恒温水浴中反应 40 min，然后加入 0.2 mL 1 mol/L NaOH，终止酶液反应，最后把酶液放在沸水浴中加热 5 min，等冷却后加入 0.5 mL 12％间苯二酚和浓 HCl，在 80℃水浴中保温 8 min，冷却后在 A_{520} 下测定蔗糖含量。对照中不加酶液，加入等量的蒸馏水，其他操作与酶液相同。

（3）酸性转化酶和中性转化酶活性测定。含有转化酶的提取液 0.2 mL 加入 1.0 mL 混合反应液 [0.1 mol/L K_2HPO_4、0.1 mol/L 柠檬酸钠-柠檬酸（pH＝7.2，中性转化酶）或 0.1 mol/L 乙酸钠-乙酸（pH 4.8，酸性转化酶）、0.1 mol/L 的蔗糖溶液]。上述混合反应液在 37℃恒温水浴中反应 40 min，然后加入 1 mL DNS，终止酶液反应，最后把酶液转入在沸水浴中加热 5min，等冷却后加入 0.5 mL 12％间苯二酚和浓 HCl，在 80℃水浴中保温 8 min，冷却后在 A_{520} 下测定蔗糖含量。对照中不加酶液，加入等量的蒸馏水，其他操作与酶液相同。

（4）山梨醇氧化酶活性测定。含有山梨醇氧化酶的提取液 1.2 mL 加入 1.0 mL 液混合反应液 [0.1 mol Mtris-HCl（pH 9.0）和 1 mol NAD]。上述混合反应液在 25℃恒温水浴中反应 5 min，然后加入 300 mmol/L 山梨醇开始反应，最后在 A_{340} 下测定葡萄糖含量。对照中不加酶液，加入等量的蒸馏水，其他操作与酶液相同。

以上酶活性的测定均重复 3 次。

5.1.4　数据分析

采用 Excel 2013 和 SAS 统计软件对测定指标进行相应的统计分析与作图。

5.2　结果与分析

5.2.1　桃果实发育过程中糖与有机酸的积累

5.2.1.1　不同生长发育期果实中糖组分含量的变化

桃果实中糖组分主要包括蔗糖、葡萄糖、果糖和山梨糖醇，它们在生长发育过程中的动态变化如图 5-1 所示。随着桃果实的发育，蔗糖含量总体上保持增长的趋势，但花后 70～90 d，高垄不覆膜与常规不覆膜处理蔗糖含量略有下降。果实成熟前期（花后 90～110 d），果实中蔗糖含量迅速增加，并且不同处理表现一致。在花后 90 d 时，高垄覆膜处理桃果实蔗糖含量明显高于其他处理。在成熟时，与其他处理相比，高垄不覆膜处理蔗糖含量明显降低。

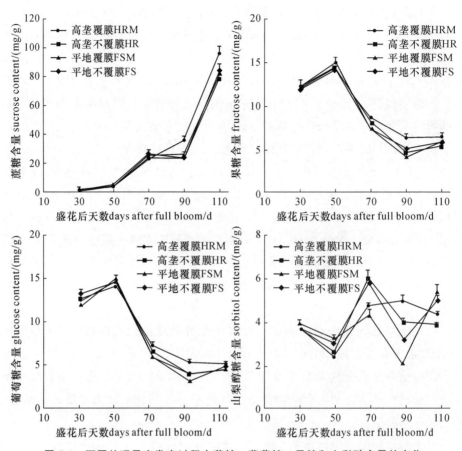

图 5-1　不同处理果实发育过程中蔗糖、葡萄糖、果糖和山梨醇含量的变化

葡萄糖和果糖在未成熟果实中的含量显著高于成熟果实中的含量。在果实发育前期（盛花后 30～50 d），葡萄糖和果糖含量一直增加，在花后 50 d 时，各处理葡萄糖和果糖含量达到最高值，之后迅速下降。在花后 90 d 时，各处理葡萄糖与果糖含量达到最低值，高垄覆膜处理果实中葡萄糖与果糖含量明显高于其他处理。在成熟的果实中，葡萄糖与果糖含量略有升高，不同处理葡萄糖与果糖含量无明显差别。同其他三种糖相比，山梨醇的变化趋势比较复杂。花后 30～70 d，不同处理果实中山梨醇含量呈现先降低后升高的趋势。在花后70 d 时，覆膜处理山梨醇含量明显高于不覆膜处理。花后 70～110 d，在高垄覆膜处理中，山梨醇含量先升高后降低，在常规覆膜与常规不覆膜两个处理中，山梨醇含量先降低后升高，在高垄不覆膜处理中，山梨醇含量一直降低，并且成熟果实中山梨醇含量明显低于其他三个处理，而其他三个处理山梨醇含量无明显差异。

5.2.1.2　不同生长发育期果实中酸组分含量的变化

桃果实中主要存在 4 种酸，分别为苹果酸、柠檬酸、奎宁酸和莽草酸。各种酸的变化规律如图 5-2 所示。在整个桃果实发育过程中，不同处理果实中苹果酸含量表现为先降低后升高的趋势，其中盛花后 30～90 d 果实中苹果酸含量一直降低，盛花后 90～110 d 才迅速积累。在成花后 70 d 时，高垄不覆膜处理果实中苹果酸含量显著低于其他三个处理。在成熟果实中，苹果酸的含量与盛花后 30 d 的含量大致相当，高垄覆膜处理苹果酸含量低于其他三个处理，常规栽培中苹果酸含量显著高于高垄栽培。

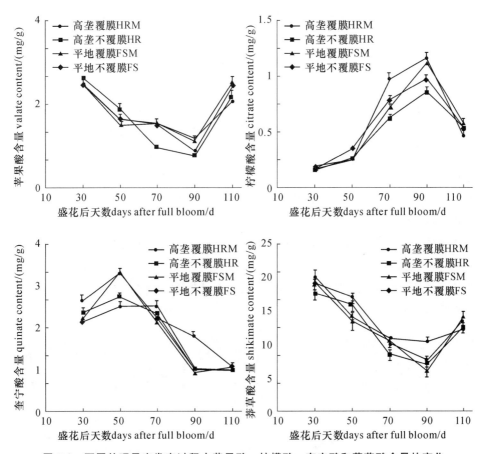

图 5-2　不同处理果实发育过程中苹果酸、柠檬酸、奎宁酸和莽草酸含量的变化

柠檬酸在整个发育过程中呈现先升高后降低的趋势，各处理在盛花 30、50 和 110 d 时柠檬酸含量变化不大。盛花后 70～90 d，各处理中柠檬酸含量存在明显的变化，其中高垄覆膜柠檬酸含量最高，高垄不覆膜柠檬酸含量最低，在盛花后 70 d 时分别为：1.00 mg/g 和 0.64 mg/g，在盛花后 90 d 时分别为：1.19 mg/g 和 0.87 mg/g。在成熟果实中，高垒覆膜处理柠檬酸含量低于其他三个处理。

奎宁酸呈现先升高后降低，之后略有升高的趋势。盛花后 30～70 d，不同处理奎宁酸含量变化剧烈，在盛花后 50 d 时，覆膜处理奎宁酸含量明显高于不覆膜处理。花后 90 d 至成熟，除高垒覆膜处理外，其他处理奎宁酸含量变化平稳，相对比较一致。在盛花后 90 d 时，高垒覆膜处理奎宁酸含量为 1.78 mg/g，显著高于其他处理。在成熟的果实中，各处理奎宁酸含量无明显差异。

莽草酸含量与其他三种酸相比，在果实整个生长期间含量最低，并且表现为先降低后升高的趋势，最低点出现在盛花后 90 d 时。不同处理莽草酸含量在果实发育的进程中呈现出交替升高的变化规律。在盛花后 90 d 时，高垒覆膜处理莽草酸酸含量为 10.37 μg/g，明显高于其他处理。

5.2.1.3　不同生长发育期果实中可溶性糖与有机酸的变化

可溶性糖主要为蔗糖、葡萄糖、果糖和山梨糖醇之和，有机酸为苹果酸、柠檬酸、奎宁酸和莽草酸之和。由图 5-3 可知，除高垒覆膜处理外，其他三个处理的可溶性糖均呈现先升高后降低再升高的趋势，而高垒覆膜处理可溶性糖含量不断增加。在花后 90 d 时，高垒覆膜处理可溶性糖含量为 53.22 mg/g，显著高于其他处理，而在成熟果实中，高垒不覆膜处理可溶性糖含量为 84.41 mg/g，明显低于其他三个处理，其他处理可溶性糖含量基本一致。不同处理有机酸含量变化趋势并不一致，在整个生长期内，高垒覆膜处理有机酸含量不断降低，其他处理有机酸总体上呈现先降低后升高的趋势。四个处理在不同果实生长发育时期有机酸含量存在明显差别，表明栽培方式对总酸含量影响明显。

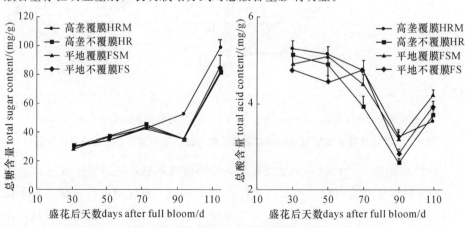

图 5-3　果实发育过程中不同处理总糖与总酸含量的变化

5.2.1.4　不同生长发育期果实中甜度值与酸度值的变化

不同处理桃果实甜度值与酸度值的变化规律如图 5-4 所示，从图可以看出，在果实生长发育前期，各处理甜度值差异较小，在花后 90 d 时，高垄覆膜处理甜度值明显高于其他处理，而在果实成熟时，除高垄不覆膜甜度值较低外，其他处理甜度值基本相同。各处理酸度值变化较为剧烈，总体上呈现先降低后升高的趋势。花后 70 d 时，高垄不覆膜处理酸度值明显低于其他三个处理，在果实成熟时，常规覆膜处理酸度值高于其他三个处理，高垄覆膜处理酸度值最低。

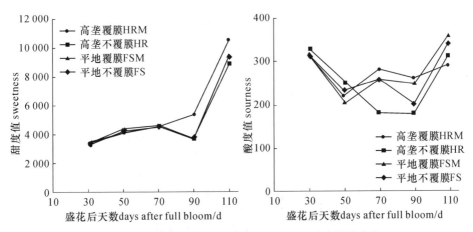

图 5-4　不同处理果实发育过程中总糖与总酸含量的变化

5.2.2　桃果实发育过程中糖代谢相关酶活性研究

5.2.2.1　桃果实生长发育过程中蔗糖代谢相关酶活性的动态变化

不同处理果实发育过程中蔗糖合成酶活性变化如图 5-5 所示。蔗糖合成酶活性呈先降低后升高的总趋势。盛花后 30 d 与 50 d 是蔗糖合成酶活性的两个高峰期，但花后 50 d 蔗糖合成酶活性相当于花后 30 d 时 1/2 左右的水平。不同栽培方式在果实发育初期对蔗糖合成酶活性影响不明显，但在果实发育中后期对蔗糖合成酶活性有一定的影响。在花后 90 d 时，高垄不覆膜栽培蔗糖合成酶活性最低，其他三种栽培方式蔗糖合成酶活性变化不大。在果实成熟时，高垄栽培桃果实蔗糖合成酶活性低于常规栽培，而覆膜对于蔗糖合成酶活性影响不大。

不同栽培方式果实发育过程中蔗糖磷酸合成酶活性变化如图 5-6 所示。蔗糖磷酸合成酶活性总体呈下降趋势，并且不同处理之间趋势基本一致。花后 30~70 d 时，高垄栽培方式桃果实中蔗糖磷酸合成酶活性高于常规栽培，覆膜

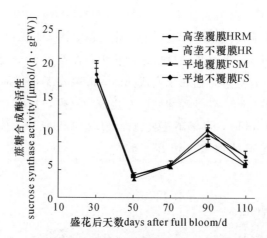

图 5-5　不同处理桃果实发育过程中蔗糖合成酶活性的变化

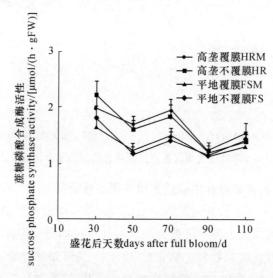

图 5-6　不同处理桃果实发育过程中蔗糖磷酸合成酶活性的变化

对桃果实中蔗糖磷酸合成酶活性影响不大。花后 90 d 时，各处理蔗糖磷酸合成酶活性降至最低。在果实成熟时，不同处理间蔗糖磷酸合成酶活性差异较大，其中，高垄覆膜处理蔗糖磷酸合成酶活性最高，常规覆膜处理蔗糖磷酸合成酶活性最低。

　　不同处理果实发育过程中酸性转化酶活性变化如图 5-7 所示。酸性转化酶活性于盛花后 30 d 时开始一直呈现降低趋势。花后 30 d 时，不同处理酸性转化酶活性差别较大，其中，高垄覆膜处理酸性转化酶活性最高，而常规不覆膜处理酸性转化酶活性最低。花后 50 d 至果实成熟，不同处理酸性转化酶活性差别不大。果实成熟时各处理酸性转化酶活性降至最低。

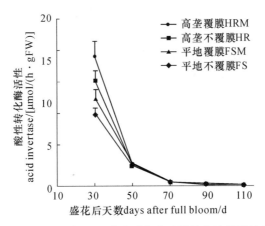

图 5-7　不同处理桃果实发育过程中酸性转化酶活性的变化

不同处理果实发育过程中中性转化酶活性变化如图 5-8 所示。盛花后 30 d 时中性转化酶活性最高，在各处理中，高垄覆膜处理中性转化酶活性最高，高垄覆膜与高垄不覆膜处理中性转化酶活性相近，常规覆膜与常规不覆膜处理中性转化酶活性相近。盛花后 50 d 时，各处理中性转化酶活性降至最低。自盛花后 50 d 开始，中性转化酶呈一直上升的趋势。在果实成熟时，不同处理中性转化酶的活性维持在 2 μmol/(h·g FW) 左右，远低于果实发育初期 6 μmol/(h·g FW) 左右的水平。

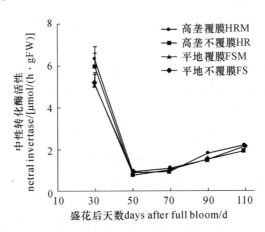

图 5-8　不同处理桃果实发育过程中中性转化酶活性的变化

5.2.2.2 桃果实生长发育过程中山梨醇氧化酶活性的变化

不同处理果实发育过程中山梨醇氧化酶活性变化如图 5-9 所示。从盛花后 30 d 至果实成熟酶活性同样是先升高后降低，盛花后 50 d 时是山梨醇氧化酶活性的一个高峰。在果实发育前期（盛花后 30～70 d），不同处理山梨醇氧化酶活性较大，但主要分为两个梯度，即高垄覆膜与高垄不覆膜处理山梨醇氧化酶活性高于常规覆膜与常规不覆膜处理。在果实发育后期，不同处理间山梨醇氧化酶活性差别不大。

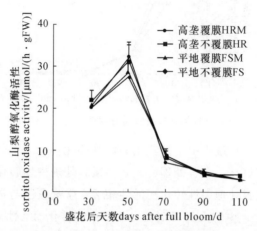

图 5-9 不同处理桃果实发育过程中有山梨醇氧化酶活性变化

5.2.2.3 桃果实中糖组分含量与各代谢酶活性之间的关系

由表 5-1 可以看出，在果实发育过程中，蔗糖与蔗糖合成酶、蔗糖磷酸合成酶、酸性转化酶与中性转化酶呈负相关关系，葡萄糖和果糖与蔗糖合成酶、蔗糖磷酸合成酶、酸性转化酶与中性转化酶均呈正相关关系。在整个发育过程中，不同处理桃果实可溶性糖组分与糖代谢相关酶活性的相关性如表 5-1 所示。可以看出，在整个果实发育期间，蔗糖与四种酶活性的相关性均未达到显著程度，均与各种酶酶活性呈负相关关系；蔗糖与蔗糖磷酸合成酶活性的相关性在不同处理间存在差异，在高垄栽培处理中相关性较高，而在常规栽培处理中相关性较低。葡萄糖与蔗糖磷酸合成酶和酸性转化酶活性呈显著正相关，与其他酶活性的相关性较低；在高垄栽培处理中，葡萄糖与蔗糖磷酸合成酶呈显著正相关，而在常规栽培处理中无明显相关性；各处理中葡萄糖与酸性转化酶活性均呈现显著正相关关系。果糖与四种酶活性的相关性与葡萄糖相似，在高垄栽培处理中，果糖与蔗糖磷酸合成酶呈显著正相关关系，而在常规栽培处理中，它们之间的相关性较低；不同处理桃果实中果糖与酸性转化酶活性之间呈显著正相关关系；果糖与蔗糖合成酶与中性转化酶活性之间不存在显著相关性。

表 5-1　不同处理桃果实发育过程中可溶性糖与相关酶活性的相关分析

糖 sugar	酶活性 enzymes activity	高垄覆膜 HRM	高垄不覆膜 HR	常规覆膜 FSM	常规不覆膜 FS
蔗糖 su-crose	蔗糖合成酶 sucrose synthase	−0.335	0.076	−0.196	−0.136
	蔗糖磷酸合成酶 sucrose phosphate syn-thase	−0.501	−0.522	−0.251	−0.062
	酸性转化酶 acid invertase	−0.543	−0.546	−0.572	−0.589
	中性转化酶 neutral invertase	−0.231	−0.271	−0.189	−0.207
葡萄糖 glu-cose	蔗糖合成酶 sucrose synthase	0.196	0.225	0.074	0.225
	蔗糖磷酸合成酶 sucrose phosphate syn-thase	0.665*	0.609*	0.304	0.268
	酸性转化酶 acid invertase	0.616*	0.598*	0.634*	0.761*
	中性转化酶 neutral invertase	0.300	0.289	0.237	0.349
果糖 fruc-tose	蔗糖合成酶 sucrose synthase	0.141	0.100	0.050	0.075
	蔗糖磷酸合成酶 sucrose phosphate syn-thase	0.691*	0.647*	0.338	0.197
	酸性转化酶 acid invertase	0.580*	0.582*	0.618*	0.663*
	中性转化酶 neutral invertase	0.250	0.266	0.214	0.236

注：* 表示在 0.05 水平显著线性相关

5.2.2.4　不同处理桃果实中蔗糖代谢相关酶的净活性

蔗糖是桃果实中主要积累的糖组分，因此，主要分析桃果实中与蔗糖代谢相关酶的净活性。促进蔗糖合成的酶活性记为正值，促进蔗糖分解的酶活性记为负值，然后将各相关酶活性值求和，即得到酶的净活性。通过表5-2可知，在桃果实发育初期，酶的净活性为负值，随着果实生长发育，酶的净活性不断升高，在花后90 d时达到最高值，在果实成熟时，酶的净活性有所下降。

表5-2　参与蔗糖代谢相关酶的净活性

处理 treatment	花后天数 days after flowing/d				
	30	50	70	90	110
高垄覆膜（HRM）	−1.53	1.24	5.31	9.40	4.28
高垄不覆膜（HR）	−1.22	1.74	5.19	7.66	4.12
常规覆膜（FSM）	−0.87	0.34	4.53	9.29	5.24
常规不覆膜（FS）	−1.65	0.45	4.56	9.08	5.40

5.3　讨论

5.3.1　桃果实发育过程中糖酸的积累与果实品质

果实品质指标中采用的是硫酸蒽酮法测定果实中总糖含量，除高垄不覆膜处理以外（表3-4），其他各处理中总糖含量基本相当。首先，应该指出的是总糖的概念，总糖也称为碳水化合物，它包括单糖、寡糖、多糖等。因此，采用硫酸蒽酮法测得的果实中单糖、寡糖和多糖的含量，因为用硫酸使糖类脱水生成糠醛进行测定，在这一过程中，淀粉、纤维素等不溶性多糖也在强酸下水解，形成单糖参加蒽酮反应。因此，使用硫酸蒽酮法，在不细致划分各种碳水化合物的前提下，测定的结果比可溶性糖含量高。部分二糖与大多数糖（如纤维素、淀粉、几丁质之类）是不溶于水，为不可溶性糖，而糖只有溶于水以后才会被味觉器官所感知，因此，果实虽然总糖含量差异不大，但果实中可溶性糖含量存在明显的变化，从而对果实风味口感产生重要影响。实际上果实的可溶性固形物含量主要来检测果实中可溶于水的各物质之和，可以很好地用来衡量果实中可溶性糖的含量，并间接评价果实甜酸风味。因此，各处理中总糖含量虽然相差较小，但可溶性糖含量存在明显的差异，这也是导致桃果实甜酸风味变化的一个重要原因。

在很大程度上，桃果实甜酸风味品质取决于可溶性糖和有机酸的含量，果实中糖酸的积累是果实风味形成的基础，它们的组成及比值与果实甜酸风味紧密相关，牛景等对不同桃品种糖酸组分研究发现，不同品种在成熟时糖组分含量存在显著差异，而且认为这些差异是形成果实不同风味的重要原因（牛景等，2006）。赵剑波等通过对蟠桃不同时期酸组分的研究认为，蟠桃五月鲜扁干是研究糖酸代谢调控的首选试材（赵剑波等，2009）。赵永红等研究油桃果实中发育过程有机酸含量变化认为，有机酸对油桃果实的风味起决定作用（赵永红等，2007）。因此，果实中糖酸含量变化对果实风味品质产生较显著的影响。通过本文研究发现，不同栽培条件下不同发育时期桃果实糖酸组分含量的变化规律并不一致，而且可溶性糖和有机酸含量变化各不相同，在成熟桃果实中，糖酸组分、SSC、可溶性糖和有机酸之间存在明显差异，而且以高垄覆膜处理对果实中糖酸及 SSC 影响最明显，表明本试验的栽培方式可以影响桃果实的可溶性糖与有机酸含量，进而影响果实的甜酸风味。

通过分析不同时期糖酸组分含量的变化发现，未成熟果实中葡萄糖、果糖、奎宁酸含量都很高（盛花后 30～50 d），成熟时以蔗糖和苹果酸含量为最高，说明桃果实不同时期糖酸的积累形式存在变化。果实中可溶性糖及有机酸含量均是在果实接近成熟时发生剧变，但是不同处理可溶性糖和有机酸含量变化形式并不完全相同，表明采用不同栽培方式调控成熟期桃树的生长环境，对于从整体上提高桃果实品质来说具有重要意义。另外，缺少适宜的相关试验材料可能是当前有关桃果实可溶性糖及有机酸代谢调控机理不清楚的原因之一，通过采用本文的栽培方式可促使同一品种果实的糖酸组分、可溶性糖及有机酸含量发生较大的变化，从而有助于对比分析相关代谢过程，而这可能成为阐明可溶性糖和有机酸代谢调控机理的突破口。

5.3.2　桃果实品质与糖酸代谢关键酶的关系

果实中可溶性糖的积累是果实品质形成的关键，而蔗糖是桃果实中可溶性糖的主要成分，因此，桃果实中蔗糖代谢则成为研究糖积累的重要环节。近年来，在苹果、梨、猕猴桃、葡萄、柑橘和草莓上许多学者通过研究与蔗糖代谢相关酶活性变化来探索果实可溶性糖的代谢与积累的机理，研究发现，果实中糖积累与蔗糖代谢相关酶活性变化密切相关，而且研究结果对进一步研究其他园艺作物糖的积累机理奠定了基础（Schaffer 等，1987；Hubbard 等，1990，1991；Moriguchi 等，1990；MacRaet 等 1992；赵智中等，2001；魏建梅等，2009）。本研究发现，在桃果实不同发育阶段，不同的酶对糖积累所起作用并不相同，在幼果期和膨大期蔗糖合成酶对蔗糖积累影响较大，因为这两个时期蔗糖合成酶活性较高，这与苹果发育早期蔗糖含量与蔗糖合成酶活性呈负相关相一致（魏建梅等，2009）。随着果实的成熟，各处理桃果实中蔗糖的迅速积累与蔗糖磷酸合成酶活性升高相一致，而同样的研究结果在蜜柑、猕猴桃、草莓和香瓜也有所报道（Schaffer等，1987；Hubbard等，1990；MacRaet等，1992；赵智中等，2001）。在成熟期桃果实中蔗糖含量随着中性转化酶活性升高而迅速积累，这与其他学者发现蔗糖的积累与酸性转化酶活性上升有关相类似。在桃树中以山梨醇为光合产物运输的主要形式，其代谢关键酶主要有山梨醇脱氢酶和山梨氧化酶。通过本文研究发现，山梨醇氧化酶活性在果实发育前期酶性比较高，随着果实成熟，其活性逐渐下降。在草莓果实中，蔗糖合成酶、蔗糖磷酸合成酶和中性转化酶的活性均有所上升，此时果实中蔗糖含量不断升高（Hubbard等，1991），但在桃果实蔗糖积累过程中，蔗糖磷酸合成酶活性基本保持稳定，酸性转化酶活性呈下降趋势，而中性转化酶活性呈先降后升的趋势，这说明这几种与蔗糖代谢相关的酶可能同时对果实中可溶性糖的积累产生重要影响，因此，在分析果实中糖积累机理时应考虑几种代谢相关酶对果实中糖积累产生的协同及综合作用，同时也应注意到，不同的园艺作物间主要糖分的积累形式不同，相关酶活性变化也有差异，因此，在分析类比时应具体情况具体分析，不能以偏概全得出相反的结论。

在分析果实中糖积累与糖代谢相关酶活性之间关系时发现，这与前人研究认为果实中糖的积累并不是由一种代谢酶所决定，而是由多种酶共同协同综合作用的结果相一致。许多研究中以酶的净活性来反映这种综合作用的结果。以蔗糖为例：蔗糖合成酶与蔗糖磷酸合成酶可以促进蔗糖的合成，其酶活性为正值，而转化酶为促进蔗糖分解，故其酶活性值为负值，则酶的净活性为各相关酶活性之和。通过计算可知，不同处理幼果期果实中酶的净活性为负值或接近零，这时果实中糖的含量较低（表5-2）。花后90 d时桃果肉组织中蔗糖代谢相关酶的净活性最高，蔗糖积累进入快速积累阶段，同时也表明膨大期果实中新陈代谢活动在逐渐变缓，作为形态建成的物质基础和呼吸作用的能量来源的比例减小，光合产物得以迅速积累。在花后110 d时，酶的净活性有所下降，但蔗糖速度加快，说明此时光合产物用于新陈代谢消耗较少，并且大部分作为糖分被存储果实中。上述结果表明蔗糖代谢相关酶的综合作用（即酶的净活性）对于解释桃果实中蔗糖的积累具有较好的支持，是影响桃果实中糖积累的重要因子之一，在柑橘中也有类似的发现（赵智中等，2001）。另外，对于成熟期，酶的净活性下降但蔗糖迅速积累，可能是叶片中的蔗糖直接运输至果肉细胞中，Vizzotto 等使用$^{14}CO_2$标记叶片试验证实桃果实中蔗糖的积累部分是由于叶片中蔗糖直接通过筛管运入果实细胞所致。综上可知，叶片中光合同化产物是果实中糖的主要来源，光合同化产物在进入果实后在生长发育前期用来提供合成细胞生长发育所需的物质，后期主要贮存在液泡当中，用来改善果实甜酸风味。糖代谢相关酶在果实中糖的积累过程中起到重要的调节作用，因此，要全面了解桃果实中糖积累的机理，就有必要对糖代谢相关酶的活性变化进行综合分析，从而明确各个酶在积累与代谢过程的作用。

不同处理对与糖代谢相关各种酶活性整体的变化趋势影响较小，而对某个生长发育影响较大，如：不同处理花后 90 d 时蔗糖合成酶活性、花后 30~70 d 时蔗糖磷酸合成酶活性、花后 30 d 时转化酶活性（包括酸性与中性）和花后 50 d 时山梨醇氧化酶的活性。说明不同的栽培处理方式并不能改变桃果实中糖代谢相关酶整体的变化规律，但可以暂时改变某个时期糖代谢相关酶活性。同时也表明，以上不同处理糖代谢相关酶活性变化的时期可能是果实发育过程中糖代谢的关键时期，在今后研究糖代谢相关酶活性变化与糖积累关系时应予以重点关注。另外，本研究表明，在不同栽培处理中，高垄覆膜处理桃果实中，蔗糖合成酶、蔗糖磷酸合成酶、转化酶的活性基本上高于其他三个处理，表明栽培方式对糖代谢相关酶活性影响具有一定影响。不同处理对于与蔗糖代谢相关酶净活性的基本无影响，但是高垄覆膜处理酶的净活性高于其他三个处理，高垄覆膜处理在促进果实中蔗糖积累方面具有一定的作用。

5.4　本章小结

本章通过研究表明，果实中可溶性糖含量与果实风味口感关系密切，不同处理果实中总糖含量差异不大，但果实中可溶性糖各不相同。果实的可溶性固形物含量主要来检测果实中可溶于水的各物质之和，可以很好地用来衡量果实中可溶性糖的含量，并间接评价果实甜酸风味。桃果实中糖在接近成熟时迅速积累，而酸在果实发育前期含量较高。不同发育时期桃果实内糖、酸组分含量测定发现，各糖、酸组分在不同的发育时期含量并不相同，高垄覆膜栽培处理桃果实中糖酸含量变化高于其他处理。通过糖代谢相关的酶活性研究发现，不同处理对蔗糖合成酶、蔗糖磷酸合成酶、转化酶和山梨醇氧化酶活性影响并不相同，高垄覆膜栽培处理各种酶活性高于处理。蔗糖与蔗糖合成酶、蔗糖磷酸合成酶、酸性转化酶与中性转化酶呈负相关关系，葡萄糖与果糖与蔗糖合成酶、蔗糖磷酸合成酶、酸性转化酶与中性转化酶呈正相关关系，并且各处理结果基本一致，不同处理酶的净活性总体上呈上升趋势。成熟果实中蔗糖和苹果酸分别占可溶性糖和有机酸的 80.6% 和 77.0%，是糖和酸的主要储存形式。

6 不同水分供应对桃果实细胞中糖酸分布的影响

园艺作物果实中的可溶性糖和有机酸是果实品质的核心物质，同时，它们也是决定果实风味的主要物质（Gautier 等，2008；潘腾飞等，2008；牛景等，2006）。普遍的研究认为，果实的甜度和酸度作为果实口感的重要组成部分能够影响消费者的需求（Crisosto 等，2003，2005；吴本宏等，2003），了解桃果实细胞内糖酸分布规律对于阐明糖酸在细胞内积累特点具有重要意义，并且对于从细胞水平揭示果实甜酸风味与糖酸含量之间的关系提供数据支持。大量研究表明糖在细胞内的分布对于解释与果实生长发育相关的生理现象具有重要的支撑作用，如 Yamaki（1984）等通过分离苹果细胞中的液泡得到其可溶性糖的含量，并认为糖在液泡中的积累是膨压产生的主要来源，从而迫使细胞生长和果实增大。由于果肉细胞在分离试验过程中操作难度较大，并且难免对细胞器产生破坏，所以，目前许多研究者普遍采用区室化分析方法来无损地估算可溶性物质在液泡、细胞质与细胞间隙中的含量，并且该方法已成功用于测定苹果、梨、草莓和甜瓜中糖在细胞内的分布（Yamaki 等，1992a，1992b；Ofosu-Anim 等，1994；Yamada 等，2006），是当前快速有效地测定可溶性物质在细胞内分布的主要研究方法。目前，对园艺作物苹果、梨、草莓细胞内部分可溶性糖分布的研究较多，但在桃上的相关报道较少，并且对果实细胞中酸分布的研究报道也不多，同时，关于不同水分供应对果实细胞内糖酸分布影响的研究也较少，因此，本研究目的为采用区室化分析方法测定液泡、细胞质和细胞间隙中可溶性糖（蔗糖、葡萄糖、果糖和山梨醇）和有机酸（苹果酸、柠檬酸、奎宁酸和莽草酸）含量，并以此为基础分析不同水分供应对桃果实细胞内糖酸分布的影响。

6.1 材料与方法

6.1.1 试验材料与栽培条件

实验于 2014 年 1 月至 2014 年 8 月在北京市通州区果园进行，以 8 年生桃品种"改良白凤"为试验材料，该品种在 7 月下旬成熟。用于试验的桃树生长势、树体大小较为一致，密度为 2 m×5 m。成熟果实样品于上午 9：00～11：00 进行采集，分别从标记植株树冠东、西、南、北四个方向随机选取无病虫害果实装入 4℃的保温箱中，将其带回实验室进行处理。

6.1.2　试验方法

桃果实细胞内糖酸含量的测定：

首先使用自来水清洗掉桃果实表面的茸毛，然后使用蒸馏水进行冲洗。将果实的表皮去掉后，再使用直径 10 mm 中空并带活塞的钻孔器向果实中心迅速挖出柱形果肉，并将取出的果肉切成约 2 mm 厚的薄片。取约 10 g 柱形果肉中部的薄片放入 50 mL 2 mmol/L $CaCl_2$ 溶液并在 0℃下预处理 10 s 以除去表面的糖、酸。然后将处理过的样品放入 50 mL 2 mmol/L $CaCl_2$ 溶液在通风的条件进行浸提。在规定的时间内（1、2、3、4、5、8、11、14、17、20、23、26、50、100、150、200、250 和 300 min）将测试的样品转移到新的 $CaCl_2$ 溶液中，同时将含有糖和酸的原 $CaCl_2$ 溶液浸提液转移至 60 mL 离心管中，放置于 0℃的冰箱中进行冷冻，完全结冰后转至－20℃冰箱中保存用以测定溶液中糖与酸的含量。

溶液中糖采用离子色谱进行测定，测定条件为：色谱柱为 CarboPac PA1 4 mm×250 mm（带 CarboPac PA1 4 mm×50 mm 保护柱）；进样量：10 μL；流速：1 mL/min；柱温：30℃；检测器：脉冲安培检测器，Au 电极，淋洗液：200 mmol/L 氢氧化钠洗脱。

溶液中酸采用液相色谱进行测定，测定条件为：酸柱 Agilent poroshell 120SB-C18（4.6 mm×100 mm，2.7 μm），流动相 A：B＝99.5：0.5（其中，A 表示 2.28 g $K_2HPO_4 \cdot 3H_2O$；B 为甲醇），流速 0.5 mL/min，检测波长为 210 nm，检测器为二极管阵列检测器（DIONEX PAD-100）。

把桃果实圆形薄片小心地切成碎片，然后把这些碎片分成两部分，一部分直接浸在 80%乙醇中，另一部分使用 2 mmol/L $CaCl_2$ 溶液清洗 10 s 后浸入 80%乙醇中。两部分溶液分别在 3 000g 下离心 10 min。沉淀物使用 80%乙醇浸提 3 次，上清液合并用来分析酚类物质的含量，采用菲林比色法进行测定。在样品制备过程中，果实表面细胞会有不同程度的破坏，因此，需要计算破碎比例对糖酸含量进行较正。在果实中酚类物质主要分布在液泡内，通过测定破碎细胞与完整细胞中酚类物质的含量计算完整细胞的比例（Yamaki，1984），从而计算得到各细胞器中糖酸实际含量。

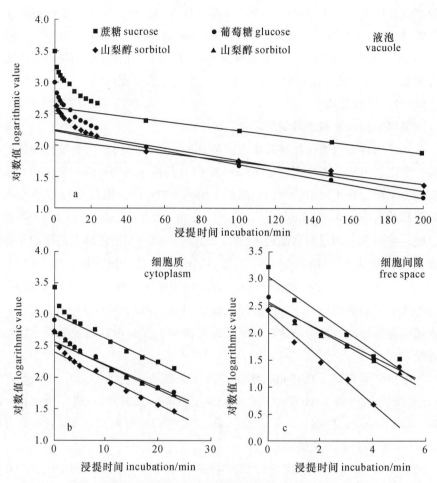

图 6-1　区室化分析方法计算液泡、细胞质和细胞间隙中糖的含量以及细胞膜与液泡膜的通透性（采用成熟桃果实中糖的数据作图）

依据区室化分析方法计算不同细胞器内糖酸含量，糖酸在果肉组织中以扩散作用的方式通过液泡膜与细胞膜，并随着浸提时间的不断增加，细胞间隙中的糖酸先扩散出来，然后是细胞质，最后是液泡。对于果实组织中释放出来的糖酸采用 Macklon 描述的方法进行分析（Macklon，1975），具体过程如下：将糖酸含量取以 10 为底的对数，然后以其对数值为纵坐标（y）、浸提时间为横坐标（x）作图，图中最后直线部分表示液泡中糖酸的释放过程，通过回归分析得到相应的回归方程（$Y=k_1X+v$），其中 v 为纵截距，10^v 即为液泡中糖酸的含量（图 6-1a）。通过此回归方程还可计算出不同浸提时间液泡中糖酸含量（Y_t），并从相应时间原糖酸含量（O_t）中减去，即 $V_t=O_t-Y_t$，然后，把 V_t

取以 10 为底对数并相对浸提时间进行作图，则图中最后的直线部分表示细胞质中糖酸的释放过程，得到回归方程（$Y=k_2X+c$），10^c 即为细胞质中糖酸的含量（图 6-1b），通过此回归方程还可计算出不同浸提时间液泡中糖酸含量（C_t），并从相应时间糖酸含量（V_t）中减去，即 $F_t=V_t-Y_t$，把 F_t 取以 10 为底对数并相对浸提时间进行作图，则图中最后的直线部分表示细胞质中糖酸的释放过程，得到回归方程（$Y=k_3X+f$），10^f 即为液泡中糖酸的含量（图 6-1c）。

6.1.3　数据分析

采用 Excel 2013 和 SAS 统计软件对测定指标进行相应的统计分析与作图。

6.2　结果与分析

6.2.1　桃果实细胞破碎比例分析

桃果实糖酸浸提液提取过程中圆柱形桃薄片表面细胞的破碎程度通过清洗与未清洗桃果实中总酚含量计算得到。如表 6-1 如示，W1 与 W2 处理完整细胞的比例分别为 84.9% 和 83.7%，表明在果实样品制备过程中水处理细胞破碎程度低于高水处理。

表 6-1　桃果实圆柱形薄片制作过程中完整细胞的比例

处理 treatment	清洗/(μg/g) washed	未清洗/(μg/g) nowashed	完整比例/% intact cells
W1	123.9	145.9	84.9
W2	118.2	141.2	83.7

6.2.2　不同水分条件下桃果实细胞内的糖、酸分布

依据区室化分析方法通过作图计算得到桃果实细胞内液泡、细胞质与细胞间隙中各糖酸组分的含量，并通过表 6-1 中完整细胞比例数据进行校正得到最终糖酸含量。通过表 6-2 可以看出，W1 处理桃果实液泡、细胞质和细胞间隙中可溶性糖分别为：39.47，16.73 和 13.03 mg/g，有机酸分别为：4.38，3.15 和 0.69 mg/g，而在 W2 处理中可溶性糖分别为：35.63，16.11 和 13.33 mg/g，有机酸分别为：4.00，3.27 和 0.65 mg/g，可见，在不同水分条件下可溶性糖与有机酸在细胞中具有类似的分布规律，但是在高水分条件下液泡中糖与酸的含量有所降低。

不同水分供应对桃果实细胞内各糖、酸组分具有不同的影响（表 6-2）。在液泡中 W1 处理糖含量（蔗糖、葡萄糖、果糖和山梨醇）与酸含量（苹果酸、

柠檬酸和奎宁酸）明显高于 W2 处理，在细胞质、细胞间隙中 W1 处理各糖组分含量高于 W2 处理，但并未达到显著程度。W1 处理细胞中可溶性糖和有机酸总含量分别为：69.23 和 8.22 mg/g，W2 处理分别为：65.07 和 7.92 mg/g，表明增加水分供应可以降低细胞中糖、酸的总含量。

表 6-2　不同水分条件下桃果实细胞内糖酸含量分布

糖酸组分 sugar and acid components	处理 treatment	液泡 vacuole	细胞质 cytoplasm	细胞间隙 free space
蔗糖/(mg/g)	W1	32.12[a]	12.07[a]	11.76[a]
	W2	28.81[b]	11.82[a]	11.92[a]
葡萄糖/(mg/g)	W1	2.42[a]	1.56[a]	0.52[a]
	W2	2.21[b]	1.46[ab]	0.51[a]
果糖/(mg/g)	W1	2.51[a]	1.55[a]	0.44[a]
	W2	2.36[b]	1.42[ab]	0.45[a]
山梨醇/(mg/g)	W1	2.42[a]	1.55[a]	0.31[b]
	W2	2.25[b]	1.41[a]	0.45[a]
苹果酸/(mg/g)	W1	2.49[a]	0.92[a]	0.31[a]
	W2	2.26[b]	0.95[a]	0.29[ab]
柠檬酸/(mg/g)	W1	0.51[a]	0.41[a]	0.17[a]
	W2	0.45[b]	0.42[a]	0.16[a]
奎宁酸/(mg/g)	W1	1.37[a]	1.81[ab]	0.20[a]
	W2	1.28[b]	1.89[a]	0.19[a]
莽草酸/(μg/g)	W1	12.81[a]	11.92[a]	8.11[a]
	W2	12.89[a]	11.88[a]	7.91[a]

注：不同字母表示在 0.05 水平上差异显著

6.2.3　不同水分条件下糖酸的渗透速率

糖、酸透过液泡膜和细胞膜的渗透速率可由液泡和细胞质阶段相应的释放曲线斜率得到，各种糖、酸透过细胞膜的渗透速率均高于液泡膜，并且各糖组分通过液泡膜与细胞膜的渗透速率高于各酸组分（表 6-3）。W1 处理桃果实糖、酸通过细胞膜与液泡膜的渗透速率高于 W2 处理，表明增加土壤水分供应具有降低糖、酸组分通过液泡膜与细胞膜渗透速率的趋势。

W1 处理蔗糖通过细胞膜的速率为 32.56×10^{-3} mg/(g·min)，在各糖组

分中释放速率最高，但其通过液泡膜的速率与其他糖组分相比较低。在相同水分处理条件下，苹果酸通过细胞膜的渗透速率高于其他酸组分。

表 6-3 不同水分条件下糖酸透过液泡膜与细胞质膜的渗透速率

10^{-6} mg/(g · min)

糖酸组分 sugar and acid components	处理 treatment	液泡膜 vacuole membrane	细胞膜 plasma membrane
蔗糖	W1	3.41[a]	32.56[a]
	W2	3.36[a]	30.83[a]
葡萄糖	W1	4.23[a]	23.23[a]
	W2	4.18[a]	21.31[a]
果糖	W1	4.43[a]	24.92[a]
	W2	4.22[a]	22.29[a]
山梨醇	W1	4.53[a]	27.97[a]
	W2	4.31[a]	31.56[a]
苹果酸	W1	3.91[a]	26.87[a]
	W2	3.78[a]	28.88[a]
柠檬酸	W1	3.47[a]	25.39[a]
	W2	3.31[a]	22.98[a]
奎宁酸/[$10^{-6}\mu g$/(g · min)]	W1	3.49[a]	23.63[a]
	W2	3.29[a]	21.23[a]
莽草酸 [$10^{-6}\mu g$/(g · min)]	W1	3.71[a]	23.78[a]
	W2	3.51[a]	21.23[a]

注：不同字母表示在 0.05 水平上差异显著

6.3 讨论

6.3.1 不同水分条件对细胞破损程度的影响

桃果实细胞内糖酸浸提过程中需要将果实制作为 2 mm 厚圆盘，所以不可避免地对圆盘表面产生损伤，造成细胞破裂，因此，在计算不同处理桃果实糖酸含量时应予以考虑。Yamaki（1992）等在测定不同时期苹果细胞中糖含量时也对圆盘表面细胞的损伤情况进行了考虑，并且认为损伤的程度主要与细胞大小有关（Giovannoni 等，2001；Inzé 等，2006；Seymour 等，2013）。本研究中，低水处理桃果实圆盘表面细胞损伤程度低于高水处理，可能也与细胞大小相关。另外，不同水分处理桃果实的硬度不同，因而细胞排列的紧密度不同（马雯彦等，2010），也可能是中水处理桃果实圆盘表面细胞损伤低于高水处理的另一原因。

6.3.2 水分对细胞内糖酸分布及渗透速率的影响

桃果实细胞内糖酸含量采用区室化分析方法计算得到。本文得到的糖释放曲线与苹果、梨和草莓中糖的渗出规律一致（Yamaki 等，1992a；Yamaki 等，1992b；Ofosu-Anim 等，1994）。另外，关于苹果、梨和草莓等园艺作物果实细胞中糖分布早有报道，但在桃上报道较少，主要原因为浸提液中糖含量过低而无法检测，为此，本文通过适当延长浸提时间以及采用离子色谱对浸提液中糖含量进行检测，从而得到液泡、细胞质与细胞间隙中糖的含量。

近来研究表明，增加土壤水分供应可以降低果实中糖酸含量（齐红岩等，2004；李艳萍等，2007；詹妍妮等，2006），本文也发现类似的规律，即高水处理桃果实细胞中可溶性糖与有机酸含量低于中水处理。另外，研究发现在果实细胞中，增加水分可以明显降低液泡中糖、酸含量，而对细胞质与细胞间隙中糖、酸含量影响较小。水分作为一种常见的调控信号，对糖酸积累具有重要的调节作用。细胞具有渗透调节能力，即主动积累一些亲水性小分子物质，防止细胞内大量被动脱水，以维持细胞的膨压，而液泡是使细胞形成膨压的主要场所（马雯彦等，2010），因而水分条件的改变对细胞液泡中糖酸含量影响较大。

桃果实中糖酸通过细胞膜的速率高于通过液泡膜的速率，这与 Yamada（2006）等人在苹果上的研究结果一致。Ofosu-Anim（1994）等研究发出，糖通过草莓细胞膜的速率随着果实的成熟而上升，但是 Yamaki（1992a）等发现成熟苹果果实中各种糖通过细胞膜和液泡膜的速率高于未成熟的果实，这些结果表明不同生长发育时期细胞膜透性可能因品种而异。本文研究发现，与 W1 处理相比，W2 处理果实中糖的渗透速率具有不同程度的降低，表明大量水分供应可导致糖酸渗透速率的下降。在不同水分处理桃果实中，糖、酸通过液泡膜速率均低于细胞膜，这有利于果实生长发育后期糖酸等物质在液泡中的积累，而且这与液泡膜是限制可溶性物质释放到细胞质中的主要屏障相一致（齐红岩等，2004）。

7 桃果实不同发育时期细胞内糖酸
分布对甜酸风味的影响

园艺作物果实中的可溶性糖和有机酸是决定果实风味的主要物质，它们的含量、组成及比值对果实的甜酸风味具有重要影响（Gautier 等，2008；潘腾飞等，2006；牛景等2006）。甜度和酸度作为果实口感的重要组成部分能够明显影响消费者的需求（Crisosto 等，2003；Crisosto 等，2005；Cliff 等，2014；吴本宏等，2003），因此，很有必要了解果实发育过程中细胞内糖酸的分布与变化规律，以及这些变化对果实甜酸风味的影响。区室化分析方法最初被用来分析无机离子在根细胞内液泡中的含量及渗透速率，而 Yamaki 等对此研究方法进行改进并应用在园艺作物上，达到无损估算可溶性物质在液泡、细胞质与细胞间隙中糖含量的目的，并且该方法已成功用于测定苹果、梨、草莓和甜瓜等果实细胞内各糖组分的含量（Yamaki 等，1984；Yamada 等，2006；Yamaki 等，1992；Ofosu-Anim 等，1994；Macklon，1975）。但是，目前采用区室化分析方法在桃上的相关研究报道较少，并且对桃果实细胞内酸的分布也未见报道，同时也未见关于桃果实不同发育时期细胞内糖酸分布对甜酸风味影响的研究。因此，本研究采用区室化分析方法测定可溶性糖和有机酸在桃果实细胞间隙、细胞质和液泡中的含量，并以此为基础分析它们对果实甜酸风味的影响，以期为从细胞水平分析糖酸对果实品质影响提供理论依据。

7.1 材料与方法

7.1.1 实验材料

实验于 2012 年 5～8 月在北京市通州区果园进行，材料为 7 年生桃品种"白凤"，该品种在 7 月下旬成熟。分别于花后 60 d（未成熟）和 100 d（成熟）对"白凤"桃果实进行取样，时间为上午 9 点到 11 点；从标记植株树冠的东、西、南、北四个方向随机选取正常发育、无病虫害的果实，置于 4℃保温箱中带回实验室。

7.1.2 实验方法

7.1.2.1 桃果实细胞内糖酸含量的测定

参见 6.1.2 部分。

7.1.2.2 果实甜酸风味评价

为研究成熟桃果实细胞内糖酸分布对果实甜酸风味的影响，应在保证果实中糖、酸含量相同的条件下分析糖、酸在细胞内不同分布情况，但是这一条件在活体果实组织中难以实现。为此，本试验采用如下方法实现：首先，为了保证果实中糖、酸含量一致，把桃果实切成数个小块（体积 4 cm³），并且平均分为两部分；然后，为使糖、酸在细胞内分布不同，将其中一部分块状果实采用搅拌器进行匀浆处理，另一部分保持块状不变。匀浆后果实细胞破坏，糖、酸在液泡、细胞质和细胞间隙之间可看作均匀分布，而块状果实中糖、酸在细胞内为非均匀分布，从而满足了实验要求。

采用口感打分法对花后 60 d 和 100 d 的"白凤"桃果实甜酸风味进行评价。邀请 50 位测试者，在室温 26℃ 房间中对不同发育时期桃果实两种形态（匀浆和块状）的口感分别进行打分。口感评价分为 3 个等级：甜（记 3 分）、中等（记 2 分）和不甜（记 1 分）；最后，取每种形态果实口感得分的平均值作为评价的最终得分进行比较。

7.1.3　数据分析

采用 Excel 2013 和 SAS 软件对测定指标进行相应的统计分析与作图。

7.2　结果与分析

7.2.1　不同发育时期桃果实细胞内糖、酸组分及含量

花后 60 d 与 100 d 时，"白凤"桃果实细胞内破碎细胞的比例分别为 11.5％和 20.3％（表 7-1），说明在不同发育时期果实样品制备过程中细胞破碎的比例并不相同。利用破碎细胞的比例对果肉细胞内糖、酸含量进行校正后如表 7-2 所示。"白凤"桃果实生长发育前期，糖主要分布在细胞质与细胞间隙中，而成熟时主要分布在液泡中。未成熟果实（花后 60 d）细胞内液泡、细胞质和细胞间隙中糖的含量分别为 0.97、2.2、2.2 mg/g，而在成熟果实（花后 100 d）中分别为 27.3、11.6、9.0 mg/g，且成熟果实中蔗糖是其主要积累形式，占总糖的 80.6％。花后 60 d "白凤"桃未成熟果实细胞内液泡、细胞质和细胞间隙中酸的含量分别为 0.25、0.44、0.82 mg/g，而成熟果实中酸的含量为 2.09、0.94、0.35 mg/g。"白凤"桃未成熟果实中，苹果酸主要贮存在细胞质中，而奎宁酸和莽草酸主要分布在细胞间隙中，其中奎宁酸随着果实成熟其含量明显下降。成熟果实中，苹果酸是其有机酸的主要积累形式，占总酸的 77.0％。

表 7-1　桃果实圆柱形薄片完整细胞比例

时间 date	清洗 washed /(μg/g)	未清洗 nowashed /(μg/g)	破碎比例 broken cells/％
花后 60 d 60 days after flowering	112.8 ± 4.87	127.5 ± 2.69	11.5
花后 100 d 100 days after flowering	64.2 ± 3.02	80.6 ± 2.38	20.3

表7-2　"白凤"桃果实细胞内液泡、细胞质和细胞间隙中糖、酸组分及含量

时间 date	糖、酸组分 sugar and acid components	测定浓度 measured concentration			较正浓度 correction concentration		
		液泡 vacuole	细胞质 cytoplasm	细胞间隙 free space	液泡 vacuole	细胞质 cytoplasm	细胞间隙 free space
花后60d 60 days after flowering	蔗糖 sucrose/(mg/g)	0.33 ± 0.02	0.88 ± 0.04	0.96 ± 0.05	0.42 ± 0.03	1.11 ± 0.05	1.20 ± 0.06
	葡萄糖 glucose/(mg/g)	0.13 ± 0.01	0.33 ± 0.02	0.33 ± 0.02	0.16 ± 0.01	0.41 ± 0.03	0.41 ± 0.03
	果糖 fructose/(mg/g)	0.18 ± 0.01	0.33 ± 0.02	0.33 ± 0.01	0.23 ± 0.01	0.41 ± 0.02	0.41 ± 0.01
	山梨醇 sorbitol/(mg/g)	0.13 ± 0.01	0.22 ± 0.01	0.19 ± 0.02	0.16 ± 0.01	0.27 ± 0.01	0.24 ± 0.02
	总含量 total content/(mg/g)	0.77	1.75	1.80	0.97	2.2	2.26
	苹果酸 malate/(mg/g)	0.10 ± 0.01	0.20 ± 0.01	0.14 ± 0.01	0.12 ± 0.01	0.25 ± 0.01	0.17 ± 0.01
	柠檬酸 citrate/(mg/g)	0.06 ± 0.01	0.10 ± 0.01	0.07 ± 0.01	0.08 ± 0.01	0.12 ± 0.01	0.09 ± 0.01
	奎宁酸 quinate/(μg/g)	38.38 ± 4.17	58.60 ± 5.91	445.13 ± 25.37	48.16 ± 5.23	73.53 ± 7.41	558.51 ± 31.83
	莽草酸 shikimate/(μg/g)	0.44 ± 0.02	0.57 ± 0.03	1.19 ± 0.09	0.55 ± 0.03	0.71 ± 0.04	1.49 ± 0.11
	总含量 total content/(μg/g)	0.20	0.35	0.65	0.25	0.44	0.82
花后100d 100 days after flowering	蔗糖 sucrose/(mg/g)	19.59 ± 1.20	7.36 ± 0.41	7.18 ± 0.48	22.14 ± 1.36	8.32 ± 0.46	8.11 ± 0.54
	葡萄糖 glucose/(mg/g)	1.48 ± 0.33	1.02 ± 0.14	0.31 ± 0.13	1.67 ± 0.37	1.15 ± 0.16	0.35 ± 0.15
	果糖 fructose/(mg/g)	1.48 ± 0.35	0.96 ± 0.13	0.27 ± 0.05	1.77 ± 0.39	1.08 ± 0.15	0.31 ± 0.06
	山梨醇 sorbitol/(mg/g)	1.57 ± 0.26	0.95 ± 0.07	0.31 ± 0.02	1.68 ± 0.29	1.07 ± 0.08	0.21 ± 0.03
	总含量 total content/(mg/g)	24.13	10.28	7.95	27.26	11.62	8.98
	苹果酸 malate/(mg/g)	1.53 ± 0.11	0.58 ± 0.02	0.19 ± 0.01	1.73 ± 0.12	0.65 ± 0.03	0.22 ± 0.01
	柠檬酸 citrate/(mg/g)	0.31 ± 0.01	0.25 ± 0.01	0.11 ± 0.01	0.35 ± 0.01	0.28 ± 0.01	0.12 ± 0.01
	奎宁酸 quinate/(μg/g)	0.84 ± 0.01	1.11 ± 0.02	0.14 ± 0.01	0.95 ± 0.02	1.25 ± 0.03	0.16 ± 0.01
	莽草酸 shikimate/(μg/g)	8.48 ± 0.37	7.27 ± 0.19	4.95 ± 0.12	9.58 ± 0.42	8.22 ± 0.22	5.59 ± 0.13
	总含量 total content/(μg/g)	1.85	0.83	0.31	2.09	0.94	0.35

7.2.2 果肉细胞内糖酸分布对桃果实甜酸风味的影响

桃果实不同发育时期细胞内糖、酸分布不同，且果实不同形态（匀浆和块状）之间甜酸风味也存在显著差异（表7-3）。花后60 d，"白凤"桃未成熟果实两种处理形态的甜酸风味得分基本一致，分别为1.78和1.74，表明果实甜度较低；成熟果实中，块状处理（细胞内糖酸分布为非均匀状态）的风味评价得分为2.99，明显高于匀浆处理（细胞内糖酸为均匀分布），表明块状果实甜度高于匀浆果实。对于"白凤"桃不同发育时期的果实来讲，匀浆处理使其细胞结构被破坏，细胞内液泡、细胞质和细胞间隙中糖、酸均匀分布，含量比例均为1.0∶1.0∶1.0；但随着果实成熟，块状果实细胞内液泡和细胞质中糖、酸比例均有不同程度的升高。

表7-3 "白凤"桃果实细胞内糖酸分布对果实甜酸风味的影响

时间 date	处理 treatments	液泡∶细胞质∶细胞间隙 vacuole∶cytoplasm∶free space		甜酸风味得分 sweetness and sourness evaluation
		糖	酸	
花后60 d 60 days after flowering	块状处理果实 lump fruit	0.4∶1.0∶1.0	0.3∶0.5∶1.0	1.78 ± 0.41
	匀浆处理果实 homogenate fruit	1.0∶1.0∶1.0	1.0∶1.0∶1.0	1.74 ± 0.44
花后100 d 100 days after flowering	块状处理果实 lump fruit	3.0∶1.3∶1.0	6.0∶2.7∶1.0	2.99 ± 0.02*
	匀浆处理果实 homogenate fruit	1.0∶1.0∶1.0	1.0∶1.0∶1.0	1.98 ± 0.38

注：* 表示同一时期不同处理在5%水平上差异显著

桃成熟果实中，块状处理细胞内液泡、细胞质与细胞间隙中糖酸比分别为13.9、11.9和23.1，而匀浆处理细胞内糖酸比为14.3、14.3和14.3（表7-4），即匀浆处理果实液泡和细胞质中糖酸比略高于块状处理；而未成熟果实中，块状处理果实液泡与细胞质中糖酸比略高于匀浆果实。

表7-4 "白凤"桃果实细胞内液泡、细胞质和细胞间隙中的糖酸比

时间 date	处理 treatments	糖酸比 sugar and acid ratio		
		液泡 vacuole	细胞质 cytoplasm	细胞间隙 free space
花后60 d 60 days after flowering	块状处理果实 lump fruit	3.9	4.9	2.7
	匀浆处理果实 homogenate fruit	3.5	3.5	3.5

续表 7-4

时间 date	处理 treatments	糖酸比 sugar and acid ratio		
		液泡 vacuole	细胞质 cytoplasm	细胞间隙 free space
花后 100 d 100 days after flowering	块状处理果实 lump fruit	13.0	12.4	26.0
	匀浆处理果实 homogenate fruit	14.0	14.0	14.0

7.3　结果与分析

7.3.1　桃果实细胞内糖酸含量测定

采用区室化分析方法测定了"白凤"桃果实不同生长发育时期细胞内糖、酸含量，其糖、酸的释放曲线与苹果、梨和草莓果实中糖的渗出规律一致（Yamaki 等，1984；Ofosu-Anim 等，1994），即随着果实的成熟，破碎细胞比例升高，这主要与细胞膨大有关（Seymour 等，2013；Patrick 等，2013；Inzé 等，2016），因此，在计算果实不同生长发育期细胞内糖酸含量时必须予以考虑，从而得到更加精确的结果。另外，关于苹果、梨和草莓等园艺作物果实细胞中糖的分布早有报道，但在桃上报道较少，主要原因是浸提液中糖含量较低，无法使用液相色谱进行检测。本研究一方面通过适当延长浸提时间提高浸提液中糖的含量；另一方面采用检测精度更高的离子色谱对浸提液中糖组分及含量进行测定，最终得到"白凤"桃果实（花后 60 d 和 100 d）细胞内液泡、细胞质和细胞间隙中糖含量。本实验于花后 20 d 时进行了一次取样，但由于果实发育初期糖酸含量过低，即使在改进方法后也未能检测到，故在文中仅比较分析了"白凤"桃果实的两个发育时期。

7.3.2　桃果肉细胞内糖酸分布与果实甜酸风味的关系

可溶性糖和有机酸是决定果实风味的主要物质，其含量和比值（即糖酸比）对果实整体的甜度与酸度起决定性作用，经常被用来评价果实的风味。在"白凤"桃未成熟果实中，块状果实与匀浆果实的口感得分基本相同，这主要与果肉细胞内糖酸含量较低有关（表 7-2），表明在糖酸含量较低时，果实细胞内糖酸分布对果实甜酸风味影响较小；而在成熟果实中，块状果实甜度明显高于匀浆果实，并且这种现象并不能应用传统糖酸比的理论进行合理解释，因为两个处理果实中糖酸含量相同，糖酸比也相同，但甜度不同。通过比较果实的两种处理形态细胞中糖酸分布发现，块状果实中决定其风味的糖、酸组分及含量主要分布在液泡中，而匀浆处理果实中糖酸在细胞内均匀分布，因此推测果实细胞中糖酸分布差异对果实甜酸风味具有重要影响。

对于"白凤"桃成熟果实，块状处理果实的甜酸风味高于匀浆处理这一现象，可能与细胞内液泡、细胞质和细胞间隙中的糖酸比有关。细胞水平的糖酸分布对果实风味具有重要的影响，与前人总结的糖酸比决定果实风味的观点并不矛盾，因为传统意义上的糖酸比是以整个果实为研究对象，是宏观水平的度量，而细胞水平上的糖酸比是对传统糖酸比更进一步的深化分析。由于糖酸分布不同，成熟期块状处理果实细胞内液泡、细胞质与细胞间隙的糖酸比分别为13.0、12.4 和 26.1，而匀浆处理果实为 14.0、14.0 和 14.0（表 7-4）。块状处理果实液泡中糖酸比虽然略低于匀浆果实，但其液泡中糖含量是匀浆果实的1.7 倍（表 7-2）。在糖酸比接近时，果实风味由糖酸含量决定，因而块状果实甜度会优于匀浆果实。

另外，从对味觉感应过程分析也可以解释成熟期块状处理果实的甜酸风味高于匀浆处理果实这一现象。舌头对味觉感知主要取决于物质的浓度，并且浓度越高味觉感越强（Wada 等，2009；Snelgar 等，2009；Marsh 等，2006；Lindemann 等，2001）。由于糖酸在液泡、细胞质和细胞间隙三者之间含量不同，从而形成明显的浓度梯度（表 7-2），因此，在咀嚼果实的时候，由于液泡中糖酸的浓度高于其他部分，因而舌头上味蕾细胞接受的瞬时甜酸等味觉主要来自液泡。对于匀浆处理果实，液泡、细胞质和细胞间隙之间糖酸浓度达到平衡，无浓度梯度存在，并且此浓度低于块状处理果实液泡中的浓度，所以导致匀浆处理果实口感明显下降。在咀嚼的时候，块状处理果实果肉细胞虽被破坏，但其糖酸在细胞内却处于非均匀分布状态，这主要与咀嚼的时间与果肉破碎程度有关。液泡、细胞质和细胞间隙之间糖酸浓度的平衡需要一定时间，而对味觉的感应是瞬时发生的，故块状处理果实细胞内糖酸的浓度梯度依然存在。但随着咀嚼果肉的时间增加，糖酸等物质分布均匀程度也会增加，从而会导致味觉上的果实甜度下降。

本研究仅分析了果肉细胞内糖酸分布对果实甜酸风味的影响，若要系统地阐明二者之间的关系，应在果肉细胞内糖酸含量相同的前提下，研究糖酸在细胞内不同的分布对果实风味的影响，但是这种检测条件在活体果实组织中难以实现，期待将来可以应用先进的实验手段得以实现。

7.4　本章小结

本研究采用区室化分析方法测定了"白凤"桃果实不同发育时期细胞内糖酸含量：成熟桃果实中可溶性糖在液泡、细胞质和细胞间隙的含量分别27.3、11.6、9.0 mg/g，有机酸为2.09、0.94、0.35 mg/g。通过对成熟果实两种处理形态（块状和匀浆）的糖酸比分析，认为细胞内糖酸分布差异是导致桃果实甜酸风味变化的主要原因。

第二部分

果树高垄栽培配套技术

02

8　高垄栽培模式下灌溉、施肥和修剪等栽培措施研究

众所周知，桃是比较耐旱的树种，生长期内大量供水导致果实大小增加，但明显降低果实可溶性固形物的含量，使口感降低（Besset 等，2001；Crisosto 等，1994）。但是，在北方地区每年降水主要集中在 6、7 和 8 月份，而此时，大量的桃进入成熟采收期，通过前面的研究发现，不适时的水分供应是导致桃果实口感和品质下降的主要因素，为了解决这个问题，提出一种新颖的栽培方式，将桃树种植在高垄上，最大限度地防止成熟期外界降水对桃树生长的影响，所以本章内容主要研究与评价高垄栽培模式下相关配套技术措施对桃营养生长、产量与品质的影响。

8.1　材料与方法

8.1.1　试验材料

试验于 2014 年 1 月至 2015 年 12 月在北京市通州区果园进行。试验材料为"红甘露"，于 2007 年采用高垄栽培方式种植（种植方法详见 3.1.1），该品种在 7 月中旬左右成熟。

8.1.2　试验设计

（1）灌溉方式研究。在灌溉量一定的条件下，通过比较沟灌、管灌和滴灌三种灌溉方式的灌溉效果及用工量，最终确定适于作为高垄栽培模式下的灌溉方式（图 8-1）。

| 沟灌 | 滴灌 | 管灌 |

图 8-1 灌溉方式

（2）施肥方式研究：在施肥量一定的条件下，通过比较垄上开沟、垄间开沟和环状沟三种方式的效果及用工量，最终确定适于作为高垄栽培模式下的施肥方式（图 8-2）。

| 垄上开沟 | 垄间开沟 | 环状施肥 |

图 8-2 施肥方式

（3）修剪方式研究。比较篱壁形和开心形，最终确定适于作为高垄栽培模式下的施肥方式。

8.1.3 试验方法

1. 桃产量与果实品质测定

修剪量的测定：营养生长通过测定每棵树一年当中的修剪量进行评价，修剪由同一人进行操作，尽量保持各植株树型一致，把修剪下来的枝条（包括冬剪与夏剪）称其鲜重作为最终的评价指标。由于两种栽植方式密度不同，所以不同处理间修剪量采用单位面积的方式（t/hm²）进行比较。

产量与品质的分析均在果实最佳成熟时进行。在桃树上随机选取 10 个果实用来计算单果重并估算桃树的单株产量（单果重乘以每株桃果实数），通过单株产量与栽植密度得到桃的单位面积产量（t/hm²）。

于上午 10：00 从树冠中部不同方向选取成熟度基本一致且无病虫害的桃果实 15 个，放在 0℃ 的保温箱中带回实验进行品质相关指标测定。品质测定指标包括：可溶性固形物、总糖、可滴定酸、维生素 C 和糖酸比。可溶性固形物采用糖度计在 25℃ 下进行测定，总糖采用蒽酮比色法进行测定，可滴定酸采用滴定法测定，维生素 C 采用比色方法测定。

2. 不同栽培措施用工量分析

通过综合比较不同栽培措施的工作效率及成本，确定适于高垄栽培的方式。

8.2 结果与分析

8.2.1 不同灌溉方式用工量比较

不同灌溉方式用工结果详见表 8-1，滴灌与管灌前期费用较高，而人工沟灌费用较低，而随着使用年限的增加，滴灌与管灌的平均费用明显低于沟灌，达到 300 元/亩。通过比较不同灌溉方式灌溉效果发现，管灌效果最好，滴灌次之，人工沟灌效果一般。因此，在高垄栽培模式下，结合灌溉费用及灌溉效果，认为管灌是高垄栽培较适宜的灌溉方式。

表 8-1 不同灌溉方式费用比较

灌溉方式	首年综合费用 /(元/亩)	5 年平均费用 /(元/亩)	灌溉效果
人工沟灌	600	600	一般
滴灌	1 500	300	好
管灌	1 500	300	非常好

8.2.2 不同灌溉方式对桃产量与品质的影响

2014 年至 2015 年不同灌溉方式对桃产量的结果见图 8-3。灌溉方式对桃产量具有显著影响，管灌与滴灌对产量的影响显著高于人工沟灌，但管灌与滴灌对产量的影响未达到显著程度。在 2014 年与 2015 年两年中，管灌方式使桃产量比人工沟灌平均提高约 37%，而滴灌平均提高约 26%。

由表 8-2 可知，灌溉方式对桃品质各指标影响并不相同。管灌与滴灌对可溶性固形物的影响显著高于人工沟灌，但管灌与滴灌对可溶性固形物的影响未达到显著程度。灌溉方式对可溶性糖含量影响达到显著程度，管灌方式下桃果实中可溶性糖含量比人工沟灌提高约 6%，滴灌比人工沟灌提高约 5%。灌溉方式具有降低果实中有机酸含量的趋势，但未达到显著程度。灌溉方式提高了桃果实中维生素 C 的含量，管灌与滴灌分别人工沟灌提高约 9% 和 9%。

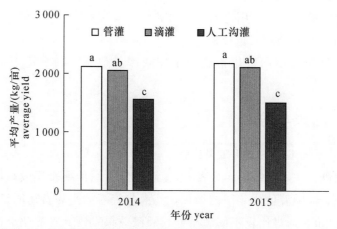

图8-3　不同处理产量的影响

表8-2　不同处理品质指标的比较

年份 year	处理 treatment	可溶性固形物 soluble solids /°Brix	可溶性糖 soluble sugar /(mg/g)	有机酸 organic acid /(mg/g)	维生素 C vitamin C /(μg/g)
2014	人工沟灌	11.6[b]	90.0[b]	3.7[a]	112.8[b]
	滴灌	12.1[a]	94.9[a]	3.6[ab]	126.5[a]
	管灌	12.3[a]	96.2[a]	3.6[ab]	128.7[a]
2015	人工沟灌	10.6[b]	84.2[c]	3.8[a]	102.2[b]
	滴灌	11.2[a]	87.6[ab]	3.7[ab]	108.9[a]
	管灌	11.3[a]	89.1[a]	3.7[ab]	106.9[a]

注：不同字母表示在0.05水平上差异显著

8.2.3　不同施肥方式对桃产量与品质的影响

不同施肥方式对桃产量的影响如图8-4所示，环状沟施肥方式对桃产量的影响显著高于垄上开沟与垄间开沟，而垄上开沟与垄间开沟之间未达到显著程度。环状沟施肥方式分别比垄上开沟和垄间开沟提高约8%、6%的产量。

由表8-3可知，不同施肥方式对桃品质各指标影响并不相同。施肥方式主要对可溶性固形物、可溶性糖和维生素C的影响达到显著程度，而对有机酸影响较小。环状沟施肥方式与垄上施肥和垄间施肥相比，使可溶性固形物含量提高约 11%、10%，使可溶性糖含量提高约 7%、6%，使维生素 C 含量提高约 4%、2%。

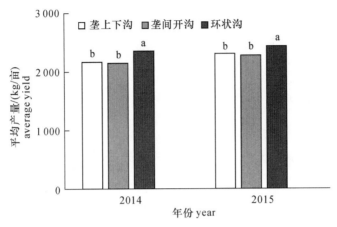

图 8-4　不同处理对产量的影响

表 8-3　不同处理对果实品质的影响

年份 year	处理 treatment	可溶性固形物 soluble solids /°Brix	可溶性糖 soluble sugar /（mg/g）	有机酸 organic acid /（mg/g）	维生素 C vitamin C /（μg/g）
2014	垄上开沟	12.6[b]	95.3[b]	3.5[a]	112.8[ab]
	垄间开沟	12.3[b]	96.2[b]	3.5[a]	116.5[a]
	环状沟施	13.6[a]	102.2[a]	3.5[a]	118.7[a]
2015	垄上开沟	11.2[b]	90.2[b]	3.6[a]	102.2[ab]
	垄间开沟	11.6[b]	91.6[b]	3.6[a]	103.9[ab]
	环状沟	12.9[a]	97.1[a]	3.6[a]	106.9[a]

注：不同字母表示在 0.05 水平上差异显著

8.2.4　不同树形对桃产量与品质的影响

2014 年至 2015 年不同修剪方式对桃产量的影响如图 8-5 所示，篱壁形和开心形对桃产量的影响未达到显著程度，但篱壁形产量略高于开心形。不同修剪方式对桃果实品质相关指标的影响详见表 8-4，不同树形对可溶性固形物、可溶性糖、维生素 C 和有机酸影的影响未达到显著程度，表明不同树形对桃品质影响较小。综上可知，篱壁形和开心形对桃产量和品质的影响不显著。

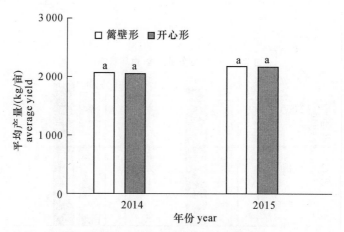

图 8-5　不同处理对产量的影响

表 8-4　不同处理对果实品质的影响

年份 year	处理 treatment	可溶性固形物 soluble solids /°Brix	可溶性糖 soluble sugar /(mg/g)	有机酸 organic acid /(mg/g)	维生素 C vitamin C /(μg/g)
2014	篱壁形	11.6[a]	83.0[a]	3.7[a]	95.8[a]
	开心形	11.8[a]	80.9[a]	3.7[a]	92.5[a]
2015	篱壁形	11.1[a]	79.1[a]	3.8[a]	86.2[a]
	开心形	10.9[a]	77.8[a]	3.8[a]	84.8[a]

注：不同字母表示在 0.05 水平上差异显著

8.3　本章小结

不同的灌溉方式用工量以管灌和滴灌方式较为省工，并且随着使用年限的增加，省工效果更为明显，同时管灌与滴灌的灌溉效果也优于人工沟灌。管灌使产量提高约 37%，滴灌提高约 26%，同时提高了可溶性固形物、可溶性糖和维生素 C 的含量，通过综合评价初步认为管灌是比较理想的灌溉方式。环状沟施肥方式分别比垄上开沟和垄间开沟提高约 8%、6% 的产量。环状沟施肥方式与垄上施肥和垄间施肥相比，使可溶性固形物含量提高约 11%、10%，使可溶性糖含量提高约 7%、6%，使维生素 C 含量提高约 4%、2%。

9　不同施肥量对高垄栽培模式下桃果实产量与品质的影响

钾在果树生长发育过程中有着重要的营养和生理作用，是公认的"品质元素"。欧美发达国家早在 20 世纪初就重视钾在农业生产中的应用，德国在 1936 年其氮磷钾施用比例曾高达 1∶1.3∶2，而我国，乃至整个亚洲，钾肥施用相对滞后，甚至直到现在，还有较多地方仍在大量消耗土壤钾素肥力。据农业部门报告，我国耕地面积约为 9 933 万 hm^2，按土壤速效钾含量小于 70 mg/kg 为缺钾指标计，我国土壤缺钾总面积达到 2 267 万 hm^2。因此，加强钾素营养研究，尽早完善配套栽培技术，特别是钾肥施用技术对油桃产业发展有着重要意义。本研究主要通过研究 N 和 K 对桃果实品质的影响，通过改变 N 和 K 的施用量，分析钾素营养对油桃生长发育、产量、品质的影响，找出 N 和 K 适宜用量，为高垄栽培的生产实践提供参考。

9.1　材料与方法

9.1.1　试验材料

试验于 2014 年 1 月至 2015 年 12 月在北京市通州区于家务果园进行。试验材料为"红甘露"，该品种成熟期在 7 月下旬。桃树在每年 1 月份进行冬剪，6 月份进行夏剪，必要的时候进行人工除草和病虫害防治等工作。

9.1.2　试验设计

本试验包含 2 个因素分别为 N 和 K，每个因素包含 3 个水平，N：0.05 kg/株、0.10 kg/株、0.15 kg/株；K_2O：0.05 kg/株、0.10 kg/株、0.15 kg/株，因此，试验共 9 个处理，见表 9-1。由于本试验中，高垄栽培每亩种植 130 株树，N、K 的施肥量按 hm^2 计算分别为：97.5 kg/hm^2、195 kg/hm^2、292.5 kg/hm^2。肥料种类为：尿素（含 N 46.3%）、和硫酸钾（含 K_2O 50%），施用时根据化肥中纯 N、K 含量换算成化肥实际用量。每处理以相邻 3 株为一小区，3 次重复，共 27 个小区，采用随机区组布置于高垄栽培的桃园中。如果相邻两个小区距离较近，则挖深 30 cm、宽 20 cm 的隔离沟，所有肥料均采用条状沟施法在春季灌溉时一次性施入。

表 9-1　试验处理

N 施肥量	K 施肥量	处理
N₁（0.05 kg/株）	K₁（0.05 kg/株）	N₁K₁
	K₂（0.10 kg/株）	N₁K₂
	K₃（0.15 kg/株）	N₁K₃
N₂（0.10 kg/株）	K₁（0.05 kg/株）	N₂K₁
	K₂（0.10 kg/株）	N₂K₂
	K₃（0.15 kg/株）	N₂K₃
N₃（0.15 kg/株）	K₁（0.05 kg/株）	N₃K₁
	K₂（0.10 kg/株）	N₃K₂
	K₃（0.15 kg/株）	N₃K₃

9.1.3　试验方法

1. 叶片光合作用测定

选取长势基本一致的桃树各 3 株，使用 Li-6400XT 便携式光合测定仪于北京时间上午 8 点至 11 点测树冠中部外侧 1 年生枝条功能叶的光合及蒸腾效率等。

2. 桃产量与修剪量测定

产量分析：在果实最佳成熟时进行。在桃树上随机选取 10 个果实用来计算单果重并估算桃树的单株产量（单果重乘以每株桃果实数），通过单株产量与栽植密度得到桃的单位面积产量（t/hm²）。

修剪量测定：营养生长通过测定每棵树一年当中的修剪量进行评价，修剪由同一人进行操作，尽量保持各植株树型一致，把修剪下来的枝条（包括冬剪与夏剪）称其鲜重作为最终的评价指标。由于两种栽植方式密度不同，所以不同处理间修剪量采用单位面积的方式（t/hm²）进行比较。

3. 桃品质测定

于上午 10 点从树冠中部不同方向选取成熟度基本一致且无病虫害的桃果实 15 个，放在 0℃的保温箱中带回实验进行品质相关指标测定。品质测定指标包括：可溶性固形物、总糖、可滴定酸、维生素 C 和糖酸比。可溶性固形物采用糖度计在 25℃下进行测定，总糖采用蒽酮比色法进行测定，可滴定酸采用滴定法测定，维生素 C 采用比色方法测定。

9.1.4　数据分析

采用 Excel 2013 和 SAS 统计软件对测定指标进行相应的统计分析与作图。

9.2　结果与分析

9.2.1　不同施肥量对光合、蒸腾速率及水分利用效率的影响

不同处理桃叶片光合作用的影响如表 9-2 所示，不同处理间光合速率、蒸腾速率达到显著程度，并且它们主要受氮肥含量的影响，受钾肥影响较小，其中高氮光合速率显著高于低氮处理，与中氮处理光合速率相关不大，蒸腾速率高氮与低氮处理之间未达到显著程度，但高氮处理显著高于低氮处理。气孔导度和水分利用效率受氮肥、钾肥的影响较小，处理间未达到显著程度。

表 9-2　不同处理对桃叶片光合作用的影响

处理	光合速率/ $[\mu mol/(m^2 \cdot s)]$	蒸腾速率/ $[\mu mol/(m^2 \cdot s)]$	气孔导度/ $[\mu mol/(m^2 \cdot s)]$	水分利用效率/ $[\mu mol/(m^2 \cdot s)]$
N_1K_1	21.3c	2.2c	0.14ab	9.7a
N_1K_2	21.8c	2.5bc	0.16a	8.7ab
N_1K_3	21.0c	2.4bc	0.15ab	8.8ab
N_2K_1	22.3b	2.8ab	0.13abc	8.0abc
N_2K_2	23.7ab	2.7ab	0.14ab	8.8ab
N_2K_3	22.8b	2.9ab	0.16a	7.9abc
N_3K_1	24.1ab	3.1a	0.15ab	7.8abc
N_3K_2	25.3a	3.2a	0.14ab	7.9abc
N_3K_3	24.5a	3.0a	0.13abc	8.2ab

注：不同字母表示在 0.05 水平上差异显著

9.2.2　不同施肥量对修剪量的影响

桃树的生长活力通常使用营养生长量表示，在生产中以修剪枝条的重量来衡量。2014 年至 2015 年不同处理每株桃树的修剪量（夏剪和冬剪鲜重之和）如图 9-1 所示，可以看出，同一处理不同年份的修剪量并不相同。高氮肥处理桃树修剪量显著高于中氮和低氮，在 2014 年，高氮处理的修剪量分别比中氮和低氮处理提高约 7.1% 和 6.8%，在 2015 年，分别为 4.4% 和 4.2%，说明氮肥促进了桃树的营养生长。在施氮量相同的条件下，施钾肥对修剪量无显著影响。在各处理中，N_3K_2 处理 2015 年修剪量最高为 13.6 kg/株，N_3K_2 处理

2011 年修剪量最低为 7.2 kg/株。

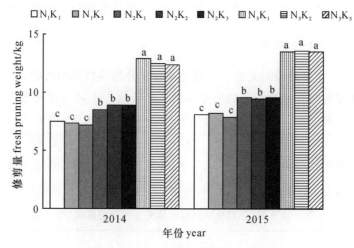

图 9-1　不同处理对单株修剪量的影响

9.2.3　不同施肥量对产量的影响

不同处理桃单株产量如图 9-2 所示，不同处理间单株产量达到显著程度，并且单株产量主要受氮肥含量的影响，受钾肥影响较小，2 年间，中氮处理的单株产量分别比低氮和高氮处理提高约 28.3％和 15.8％，说明氮肥在一定程度上可以提高桃产量，但大量施用降低果实的产量。同一处理间年际单位面积产量差异较大，单株产量最低出现在 2014 年的 N_1K_3 处理中，为 26.5 kg/株，最高出现在 2015 年的 N_2K_3 处理中，为 35.9 kg/株。

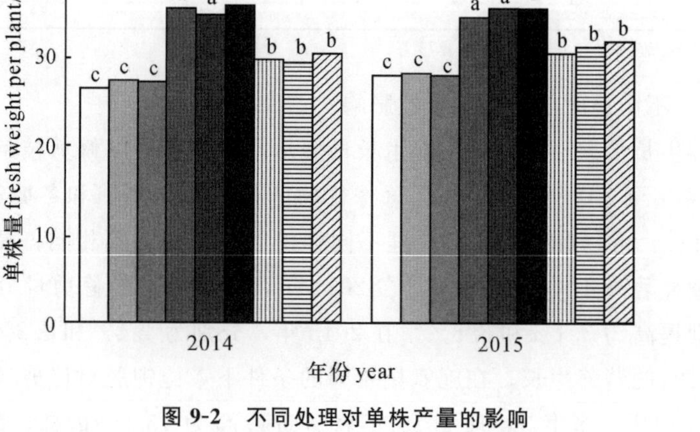

图 9-2　不同处理对单株产量的影响

9.2.4 不同施肥量对品质的影响

从表 9-3 可以看出，不同处理对桃果实品质的可溶性固形物、可溶性糖、维生素 C 含量的影响达到显著程度，但对有机酸的影响未达到显著程度。随着施氮量的增加，果实的可溶性固形物含量有所下降，钾肥对可溶性固形物含量无显著影响。各处理中，以 N_2K_3 可溶性糖含量最高 91.4 mg/g，达到，N_3K_1 可溶性糖含量最低，为 76.0 mg/g，并且在维生素 C 中也有类似的规律，两年结果基本一致，表明适度增加肥料用量可以改善果实品质，但施用量较大时，反而使果实品质下降。

表 9-3 不同处理品质指标的比较

年份 year	处理 treatment	可溶性固形物 soluble solids /°Brix	可溶性糖 soluble sugar / (mg/g)	有机酸 organic acid / (mg/g)	维生素 C vitamin C / (μg/g)
2014	N_1K_1	11.1[b]	80.0[cd]	3.7[a]	95.8[d]
	N_1K_2	11.6[b]	83.9[c]	3.7[a]	97.5[bc]
	N_1K_3	11.5[b]	83.9[c]	3.7[a]	96.1[d]
	N_2K_1	12.2[a]	93.4[ab]	3.6[a]	102.2[ab]
	N_2K_2	12.2[a]	95.6[a]	3.6[a]	108.5[a]
	N_2K_3	12.5[a]	96.4[a]	3.6[a]	106.8[a]
	N_3K_1	10.6[c]	79.0[cd]	3.6[a]	92.8[e]
	N_3K_2	10.9[c]	82.6[c]	3.6[a]	95.5[d]
	N_3K_3	10.5[c]	83.9[c]	3.6[a]	93.5[e]
2015	N_1K_1	10.9[b]	78.9[cd]	3.8[a]	82.2[cd]
	N_1K_2	11.1[b]	79.9[cd]	3.8[a]	84.5[c]
	N_1K_3	11.3[b]	80.9[c]	3.8[a]	86.8[c]
	N_2K_1	11.9[a]	87.4[ab]	3.8[a]	98.5[bc]
	N_2K_2	12.2[a]	90.6[a]	3.7[a]	102.5[a]
	N_2K_3	12.3[a]	91.4[a]	3.7[a]	103.8[a]
	N_3K_1	10.2[c]	76.0[d]	3.7[a]	78.5[d]
	N_3K_2	10.3[c]	78.1[cd]	3.7[a]	76.8[d]
	N_3K_3	10.3[c]	79.2[c]	3.7[a]	76.3[d]

注：不同字母表示在 0.05 水平上差异显著

9.3 本章小结

不同处理间光合速率、蒸腾速率达到显著程度，并且它们主要受氮肥含量的影响，受钾肥影响较小。高氮肥处理桃树修剪量显著低于中氮和低氮，在2014年，高氮处理的修剪量分别比中氮和低氮处理提高约7.1%和6.8%，在2015年，分别为4.4%和4.2%，说明氮肥促进了桃树的营养生长。各处理中，以 N_2K_3 可溶性糖含量最高 91.4 mg/g，达到，N_3K_1 可溶性糖含量最低，为 76.0 mg/g，并且在维生素 C 中也有类似的规律，表明适度增加肥料用量可以改善果实品质，但施用量较大时，反而使果实品质下降。

10 宽窄种植对叶片光合作用及产量品质的影响

在蔷薇科果树中，光合产物主要以山梨醇和蔗糖的形式进行转运，然后在细胞内经过各种酶的催化作用迅速转变为其他糖类（如葡萄糖和果糖等）。一般来讲，未成熟桃果实中各种糖酸含量均较低，而在成熟桃果实中蔗糖、苹果酸含量占可溶性糖、有机酸含量的70%左右（Jiang 等，2013）。糖是果实中重要的调节因子，可调控、诱导或阻遏某些基因的表达以及发挥作用（Loescher 等，1987）。生长期内糖酸的积累是果实风味形成的基础，它们的组成及配比与果实甜酸风味紧密相关，是改善桃品质的关键（张海森等，2005；牛景等，2006；贾惠娟等，2007；赵剑波等，2008；赵剑波等，2009）。

关于不同桃品种在生长期内糖酸含量的变化规律研究已有较多报道，这些研究对摸清果实生长发育过程糖酸组分含量特点提供了重要的参考，同时对培育拥有较高糖酸比的桃品种具有重要的指导意义，而且为进一步研究果实中的糖酸代谢机理提供了科学依据。但是有关宽窄行种植方式对桃果实中糖酸组分、总糖和总酸含量的影响研究未见相关报道。因此，本文通过研究宽窄行种植方式与普通平地栽培桃果实发育过种糖酸等指标的动态变化，分析桃果实中糖酸的季节性变化和积累的规律，并讨论一些指标之间的关系，为通过栽培方式改善桃果实品质提供理论依据。

10.1 材料与方法

10.1.1 试验材料

试验于 2014—2015 年进行，试材为水蜜桃品种"改良白凤"，果实于 7 月下旬成熟。

10.1.2　试验设计

本实验包括两种不同的种植方式，分别为常规种植和宽窄行种植。常规种植的株行距为 5 m×2 m（999 株/hm²），宽窄行种植株距 2 m，宽行 4 m，窄行 1 m（1 998 株/hm²）。在果园内共选取管理一致、树势相当、具有代表性的 6 株桃树用于试验测定，3 次重复。常规种植修剪采用 2 主枝开心型，宽窄行种植采用 V 形，窄行内膛枝条去掉。

10.1.3　试验方法

1. 糖、酸组分含量的测定

于果实成熟时进行取样。样品采集于 09：00～11：00 进行。每株树从东、南、西、北 4 个方向随机选取无病虫害的果实约 2 kg 装入冰壶。将采好的果实带回实验室。将每个重复的果实去皮，取果实中部果肉，分别进行匀浆处理，之后分为 2 份，一份用于测定可溶性固形物、总糖、糖组分等含量；另一份匀浆用液氮速冻，装入密封袋中，用于蔗糖、葡萄糖、果糖、山梨醇、苹果酸、柠檬酸、奎定酸和莽草酸的测定，于 −70℃ 冰箱中保存。

称取桃果实样品约 5 g，放入研钵中，加入 10 mL 蒸馏水混匀研磨样品，4℃、10 000 r/min 离心 10 min。上清液经 0.45 μm Sep-Pak 微孔滤膜过滤，消除非极性和较大颗粒。糖和有机酸采用高效液相色谱仪 DIONEX（P680）测定。糖测定色谱条件：糖柱 Transgenomic CARBOSep CHO-620，流动相重蒸水，流速 0.5 mL/min，检测器为示差检测器（Shodex RF-101）；有机酸测定色谱条件：酸柱 Agilent poroshell 120SB-C18（4.6 mm×100 mm，2.7 μm），流动相 A：B=99.5：0.5（其中，A 表示 2.28 g $K_2HPO_4 \cdot 3H_2O$；B 为甲醇），流速 0.5 mL/min，检测波长为 210 nm，检测器为二极管阵列检测器（DIONEX PAD-100）。维生素 C 的测定方法参见李锡香等。

2. 叶片光合作用测定

选取长势基本一致的桃树各 3 株，使用 Li-6400XT 便携式光合测定仪于北京时间上午 8 点至 11 点测树冠中部外侧一年生枝条功能叶的光合作用。

3. 光照分布的测定

参见 4.1.1.1 部分。

10.1.4　数据分析

光合曲线的数据采用 Farquhar 模型来进行拟合，通过计算得到光补偿点和光饱和点。Farquhar 模型的理论公式如下：

$$A = \frac{light \times Q + A_{max} - \sqrt{(Q \times light + A_{max})^2 - 4 \times Q \times A_{max} \times light \times k}}{2 \times k} - R_{day}$$

其中 $light$ 为光照强度，A 为净光合速率，A_{max} 是最大净光合速率，Q 是表观量子效率，k 为曲角，R_{day} 是暗呼吸速率。

统计方法采用 SPSS19.0 统计软件进行，将数据录入 SPSS 软件，利用其中的非线性统计分析模块，再结合 Farquhar 模型进行计算，最终通过自动迭代计算统计分析得到 A_{max}、Q、R_{day} 和 k 的值，然后根据这些数值计算得出光饱和点和光补偿点。

表观量子效率应用光响应曲线初始部分的斜率进行计算：

$$A = Q \times light - R_{day}$$

所有测定指标的数据均采用 Excel 2013 进行整理和绘图；运用 SPSS 19.0 软件进行统计分析。

10.2　结果与分析

10.2.1　宽窄行种植对相对光照强度的影响

桃树冠层内相对光照强度的分布与树形、树体结构和枝叶的数量及分布有密切关系。从图 10-1 可以看出，开心形与 V 形冠层内相对光照强度分布总趋势是从内到外、从上到下逐渐递减；在水平方向上，同一层次，离树干越近，相对光照强度越低；在垂直方向上，同一部位，上、中层高于下层。由图 10-1 可知，每年常规种植开心形光照主要集中在上层，并且下层的相对光照强度多低于20％。对于 V 形，上层相对光照强度基本保持在80％以上，并且各层光

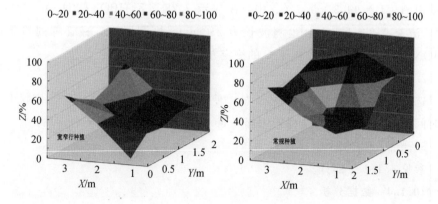

X 轴是树冠内某点到地面的垂直距离；Y 轴是树冠某点到对称点的距离；Z 轴是相对光照强度

图 10-1　不同处理相对光照强度分布

照分布均匀，并且各层光照强度均高于同层次开心形。可见，宽窄行种植处理疏通了树体上下光路，使下层光照强度增加，从而有利于提高桃树冠层对光能的利用，增加光合产物的积累。

10.2.2　冠层光照分布与果实中可溶性固形物含量的相关性分析

冠层光照分布与果实中可溶性固形物含量的相关关系如表10-1所示，从表中可以看出，果实中可溶性固形物含量与不同冠层高度呈正相关关系，但均未达到显著程度。宽窄行种植桃树冠层光照分布与可溶性固形物之间的相关性高于常规种植。冠层上部与可溶性固形物含量之间相关性高于冠层中部与下部。

表 10-1　冠层光照分布与果实中可溶性固形物含量的相关分析

相关系数 correlation coefficients	宽窄行种植	常规种植
上层 upper（距地面＞2.0 m）	0.56	0.36
中层 middle（距地面 1.0～2.0 m）	0.42	0.29
下层 lower（距地面＜1.0 m）	0.38	0.26

注：* 表示在 0.05 水平显著线性相关

10.2.3　宽窄行种植对光合作用的影响

由表 10-2 可知，宽窄种植对光合速率、蒸腾速率、气孔导度和水分利用效率的影响均未达到显著程度，但宽窄行种植在一定程度上具有改善光合作用的效果。2014 年宽窄行种植比常规种植水分利用效率提高 10%，但在 2015 年略低于常规种植。总之，不同种植方式对光合作用及水分利用效率的影响较小。

表 10-2　宽窄行种植对桃叶片光合作用的影响

年份	处理	光合速率/ $[\mu mol/(m^2 \cdot s)]$	蒸腾速率/ $[\mu mol/(m^2 \cdot s)]$	气孔导度/ $[\mu mol/(m^2 \cdot s)]$	水分利用效率/ $[\mu mol/(m^2 \cdot s)]$
2015	CK	22.8[b]	2.9[ab]	0.16[a]	7.9[a]
	WN	24.1[ab]	3.1[a]	0.15[a]	7.8[a]

注：不同字母表示在 0.05 水平上差异显著

10.2.4　不同处理对桃单位面积产量的影响

不同处理桃单位面积产量如图 10-2 所示，同一处理间年际单位面积产量差异较大，其中以 2015 年各处理单位面积产量最高，分别为常规种植 24.8 t，宽窄行种植 18.6 t。不同处理间单位面积产量变化相对稳定，并且宽窄行处理每公顷产量在 2014 年和 2015 年分别比常规处理高 20.0% 和 18.2%，表明宽窄行显著提高单位面积产量。

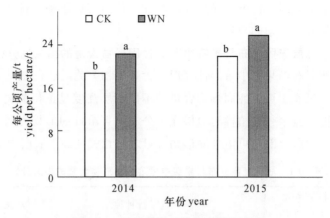

图 10-2 不同处理对单株产量的影响

10.2.5 不同处理桃果实糖酸组分含量

桃果实中糖组分主要包括蔗糖、葡萄糖、果糖和山梨糖醇，酸主要为苹果酸、柠檬酸、奎宁酸和莽草酸，它们在成熟桃果实中的含量如表 10-3 所示。蔗糖、苹果酸含量明显高于其他三种糖、酸含量，说明蔗糖、苹果酸是成熟桃果实中糖、酸的主要积累形式。宽窄行种植蔗糖含量显著高于常规种植，其他三种糖具有不同程度的提高，但未达到显著程度。与对照相比，宽窄行种植具有降低果实中各种酸组分含量的趋势，其中苹果酸含量显著降低。由于果实中糖酸组分含量的对果实风味具有重要贡献，因此，宽窄行种植对改善果实口感具有重要作用。

表 10-3 不同处理桃果实中糖酸组分的含量

糖酸组分 sugar and acid components	2014 年		2015 年	
	CK	WN	CK	WN
蔗糖 sucrose/(mg/g)	82.2[b]	87.8[a]	75.9[b]	79.6[a]
葡萄糖 glucose/(mg/g)	4.6[b]	4.9[a]	4.2[ab]	4.4[a]
果糖 fructose/(mg/g)	5.5[a]	5.6[a]	4.9[a]	5.1[a]
山梨醇 sorbitol/(mg/g)	2.6[a]	2.5[a]	3.1[a]	3.5[a]

续表 10-3

糖酸组分 sugar and acid components	2014 年		2015 年	
	CK	WN	CK	WN
苹果酸 malate/(mg/g)	2.52[a]	2.33[b]	2.78[a]	2.51[b]
柠檬酸 citrate/(mg/g)	0.62[a]	0.62[a]	0.49[a]	0.46[a]
奎宁酸 quinate/(mg/g)	0.98[a]	0.91[a]	0.51[a]	0.51[a]
莽草酸 shikimate/(μg/g)	14.2[a]	14.1[a]	19.6[a]	19.8[a]

注：不同字母表示在 0.05 水平上差异显著

10.2.6　不同处理对桃果实品质的影响

从表 10-4 可以看出，宽窄行处理桃果实品质的可溶性固形物、维生素 C 含量均高于常规处理，但未达到显著程度。糖酸比是衡量果实品质的重要指标，宽窄行处理果实中可溶性糖显著高于对照处理，而有机酸明显低于对照，因此，宽窄行处理糖酸比高于常规种植，并且三年结果基本一致，表明宽窄行处理果实改善了品质。

表 10-4　不同处理品质指标的比较

年份 year	处理 treatment	可溶性固形物 soluble solids /°Brix	可溶性糖 soluble sugar /(mg/g)	有机酸 organic acid /(mg/g)	维生素 C vitamin C /(μg/g)
2014	CK	11.2[ab]	83.1[b]	3.72[a]	115.8[b]
	WN	12.6[a]	88.9[a]	3.51[ab]	123.5[a]
2015	CK	10.8[ab]	76.7[b]	3.61[a]	92.4[b]
	WN	11.8[a]	83.4[a]	3.51[ab]	96.7[a]

注：不同字母表示在 0.05 水平上差异显著

10.3　讨论

10.3.1　桃果实发育过程中糖酸的积累与果实品质

本研究结果表明，不同栽培模式对果园光照分布具有明显影响，高垄栽培树型不同层次光照明显优于常规种植开心形，由于高垄 V 树形调节了枝叶的空间分布，使各层光照相对于开心形分布更为均匀，疏通了树体上下光路，使下层光照强度增加，从而提高桃树冠层对光能的利用。前人研究表明株距配置对于建造良好的群体冠层结构具有重要意义，合理的株行距可以改善冠层内的光照、温度和 CO_2 等微环境，影响群体的光合效率（Jackson 等，1980；Sansavini 等，1996；Willaume 等，2004；Marini 等，2000）。通过对不同处理果实品质的分析发现，高垄栽培种植方式可溶性固形物含量明显高于常规种植方式，分析其原因主要为：与常规种植相比，高垄栽培增加了种植密度，从而增加单位面积上截获更多的光合有效辐射，增加光合产物的积累，最终有利于提高单位面积产量和改善果实的品质。

通过对光照强度分布分析发现，树形、树体结构和枝叶的数量是影响桃树冠层内相对光照强度分布的主要因素，从图 10-1 可以看出，开心形与 V 形冠层内相对光照强度分布总趋势是从内到外、从上到下逐渐递减；在水平方向上，同一层次，离树干越近，相对光照强度越低；在垂直方向上，同一部位，上、中层高于下层。由图 10-1 可知，常规种植开心形光照主要集中在上层，并且下层的相对光照强度多低于 20%。对于高垄 V 形，上层相对光照强度基本保持在 80% 以上，并且各层光照分布均匀，并且各层光照强度均高于同层次开心形。通过比较同种栽培模式下覆膜与不覆膜光照强度的分布发现，覆膜对冠层内光照分布基本无影响。不同处理不同年份的光照强度基本一致，可见，高垄栽培模式疏通了树体上下光路，使下层光照强度增加，从而有利于提高桃树冠层对光能的利用，增加光合产物的积累，利于果实品质的提高。

10.3.2 宽窄行对桃单位面积产量的影响

常规处理与宽窄行种植处理年际单位面积产量变化较大，可能主要受由外界环境影响所致。本研究表明宽窄行种植可以明显提高单位面积的产量，其原因可能受光照分布的影响。由图 10-1 可知，V 树形不同层次光照明显优于开心形，由于 V 树形调节了枝叶的空间分布，使各层光照相对于开心形分布更为均匀，疏通了树体上下光路，使下层光照强度增加，从而提高桃树冠层对光能的利用。前人研究表明株距配置对于建造良好的群体冠层结构具有重要意义，合理的株行距可以改善冠层内的光照、温度和 CO_2 等微环境，影响群体的光合效率（Jackson 等，1980；Sansavini 等，1996；Marini 等，2000；Willaume 等，2004）。因此，光照分布是宽窄行提高桃单位面积的产量重要原因。另外，与常规种植相比，宽窄行增加了种植密度，从而增加单位面积上截获更多的光合有效辐射，增加光合产物的积累，最终提高单位面积产量。

10.3.3 宽窄行种植对桃果实品质的影响

糖酸是果实风味形成的基础，它们的组分含量将会影响果实的甜酸风味。

本研究表明，与常规种植处理相比，宽窄行种植具有提高桃果实中可溶性糖含量和降低有机酸含量的趋势，而这可能与宽窄行改善树冠内光照分布有关。在葡萄和草莓上的研究表明增加光照可以提高糖的含量，降低酸的含量（Watson等，2002；Kliewer 等，1971），陈俊伟等研究对温州蜜柑进行遮光处理后发现果实中的蔗糖含量低于对照，表明光照可以明显增加果实中蔗糖含量（陈俊伟等，2007）。因此，由于种植方式与树形不同，宽窄行可以相对充分地增加不同层次的光照强度，使光能在桃群体冠层内的分布更加合理（图 10-1），改善中下层叶片的光合性能，从而提高桃果实中糖的含量并降低酸的含量。与常规种植相比，由于果实中糖含量增加，酸含量减少，所以宽窄行种植提高果实的糖酸比，改善桃果实品质。通过以上分析可知，光照对果实品质影响较大，因此，下一步应进行不同种植方式下桃树不同层次光合效率的研究，为宽窄行种植模式提高果实品质提供更加完备的数据支持。

总之，通过综合分析可知，宽窄行种植不仅提高果实产量，同时还使果实品质得到改善，因此，宽窄行种植是一种比较理想的种植方式。

第三部分

高垄栽培技术体系的
应用展望

03

11　高垄栽培技术体系的发展及其应用前景

前面两部分以我国主要落叶果树之一——桃树为对象，围绕高垄栽培对于桃树果实品质的影响及其提高果实品质的生理机制进行了较为系统的研究，结果表明，高垄栽培能够有效地控制和协调桃树生长期内的水分供给，较好地解决了桃树果实发育期内水分的不适时、不适度供应导致果实品质下降的问题。同时探讨了高垄栽培模式下相应的施肥、灌溉以及修剪等配套措施，可以为该技术体系的进一步完善和推广应用提供必要的理论指导。高垄栽培作为一项新兴的果树提质增效技术，不仅在桃树上的应用效果显著，在其他存在类似问题的果树树种上也显示了广阔的应用前景。

11.1　高垄栽培技术体系的发展概述

11.1.1　果树起垄栽培技术体系的演进

从一定程度上讲，农作物上的起垄栽培就是果树高垄栽培的雏形。20世纪70年代开始试验的花生、红薯等作物的起垄栽培，在种植时先深松土壤，然后起垄，垄高10～20 cm，将苗或种子栽种在垄上，该项栽培措施可以显著提高产量；研究和实践还表明，烟草起垄栽培明显地促进根系发育，延缓根系衰老；大豆起垄栽培可以改善大豆群体的冠层结构，提高光能利用率；在夏玉米超高产研究中进行中耕培土起垄栽培，一定程度上改进了耕层的土壤结构，协调了土壤三相比，增产效果明显。因而，在农作物栽培中，起垄栽培被认为是改变土壤物理环境、实现合理密植和增产增效的有效措施。

20世纪90年代初期,为了克服平原低洼地区果树栽培中存在的幼树徒长、难成花、产量低等问题,果树起垄配套栽培逐渐兴起。通过起垄(垄高一般15~30cm)增加土壤通透性、提高地下新根的数量和比例,控制枝条旺长,达到早产、丰产目的。采用起垄法栽植的短枝型苹果幼树,栽后第2年成花株率达到20%以上,第三年结果株率接近80%。以此为基础,在一些地区的旱地苹果园,经过多年试验还总结出"苹果园高垄覆膜集雨保墒技术",起到了较好的节水、增收效果。在一些涝害发生较为严重的地区,葡萄、柑橘和猕猴桃等果树种植时进一步提升垄的高度至50cm左右,在防治涝害的同时,对于提高产量和改善果实品质等也起到了积极的作用。在近年新发展的柑橘园很多采用了起垄栽培,成为排水不畅的地方的一项主推技术,其垄向与行向相同,垄高30~50cm,垄宽1m。栽培实践及试验示范结果表明,起垄后柑橘根系具备了良好的透气性;柑橘园的通风透光条件得到改善,叶片干物质含量增加,产量、品质明显提高。采用技术经济方法对当阳市柑橘起垄栽培新技术的经济效益进行测算的结果显示,与传统的方法相比,其增产幅度达到了59%,新增生产成本的收益率达到1.82。

本书所研究的高垄栽培脱胎于以往的果树起垄栽培,但二者之间又有显著不同。其一,起垄的高度不同。通常提到的果树起垄栽培垄高一般不超过50cm,而本书中所指的起垄高度为80cm以上,所以称之为高垄(或超高垄)。其二,关注点和解决的问题不同。以往起垄栽培的主要目的是要改善土壤环境,克服果树幼树徒长、难成花、产量低以及防止涝害问题,而本研究中高垄栽培以提升果实品质为核心目标,兼顾节水、增产增效,通过建立80cm以上的高垄,将果树不需要的水分及时排走,防止自然降雨对土壤水分产生大的扰动进而影响果实品质,同时,采取配套措施根据果树的需水规律人工合理控制灌溉时期合灌溉量,从而有效调节水分供应和果树的生长发育,最终实现提升果实品质的目的。起垄栽培经过演化和实践探索并大面积推广,在现代果树生产中发挥着重要作用。

11.1.2 果树高垄栽培技术体系的试验和发展

在果树生产由数量型向质量型转变、果品品质亟待提高的形势下,如何创新栽培技术并充分发挥综合栽培技术对于提高果实品质的作用,一直是果树科研人员面临的重要课题。笔者在对国内外果树生产先进国家和地区进行考察的基础上,通过对比和深入分析我国新疆果品生产区与国外果树品质优良地区如以色列、美国加州的生态、气候条件,发现这些地区生产的果品之所以优良上乘，主要归因于"水热不同季"，即整个果实生长发育期降水很少甚至无雨（图 11-1）。

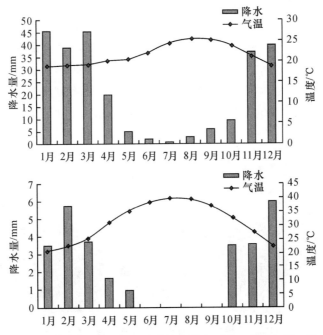

图 11-1　国外果树品质优良地区月平均降水与温度（上：美国加州；下：以色列）

而与此相反，"水热同季"则是导致很多地区生产的果品品质难以进一步提升的直接因素和共性问题：在果实生长期，尤其是果实收获期常常与雨季重叠，导致果树水分供应失衡、果树品质下降；"水热同季"使树体营养生长偏旺，对于保持树体的充分光照非常不利；同时，"水热同季"还会使病虫害加重。

由此可见，在栽培环节解决好"水热同季"这一问题，成为提升果品品质的关键。在解决"水热同季"思想的指导下，同时受排水良好的山区果园通常能够生产出内在品质优良的果品这一现象的启发，本书作者王玉柱研究员创新性地提出果树高垄栽培的构想和"生态模拟"理念，并着手试验和实施。2007年，率先在北京市通州区林业局果园（双埠头）开展水蜜桃高垄栽培相关试验研究；自 2009 年起，围绕高垄栽培对桃树的营养生长、生殖生长的影响以及高垄栽培条件下，土壤水分、养分和环境温度的动态变化特征展开深入研究；2012 年，北京市平谷区果品办公室组织 200 多位果农，到试验示范基地进行桃高垄栽培技术现场观摩，对于高垄栽培的目的、高垄栽培桃树的树形结构以及高垄栽培的良好效果有了直接和深刻的了解，为高垄栽培技术在北京市的桃主产区——平谷进行推广奠定了基础；2014 年，在位于通州区于家务的国家现代农业科技城全面进行高垄栽培配套技术体系的试验研究，继续完善了桃树高垄栽培技术体系，并进一步拓宽了试验树种，集中开展杏、李等核果类果树高垄栽培试验示范和相关研究（图 11-2），对不同杏、李品种在高垄栽培上的栽培表现进行试验、调查，探索适于杏、李高垄栽培的树形结构、配套肥水管理措施等，同时进行了全园覆膜、修建集雨窖进行雨水集蓄利用、节水栽培试验示范，取得良好效果，为高垄栽培技术体系的完善及其在其他果树上的应用提供了支撑。

图 11-2　核果类果树高垄栽培（左：杏；右：李子）

11.2　高垄栽培技术体系的优势分析

11.2.1　有效协调水分供给

水分是果树生长的重要因子，水分不足或过多，均会对果树的生长发育造成影响，不仅会影响果实产量与品质，甚至还会影响果树的寿命，缩短结果年限。果树的生长需要水分，但并不是水分越多越好，适度的缺水能促进果树根系深扎，抑制果树的枝叶生长，降低修剪量，并使果树尽早进入花芽分化阶段，促使果树早结果，还可提高果品的品质。通过笔者在桃树上的实验表明，高垄栽培可以增强人工调控土壤水分的能力。在实际生产中，人工水分供应方式可以对灌溉量进行有效调控，而无法对环境中的自然降水进行调节，导致虽然对灌水量进行控制，但达不到预期的调控效果。到目前为止，高垄栽培技术是果树生产中有效协调灌溉量、灌溉时期和外界降水三者对果树生长发育影响的新型栽培技术，通过有效调控果树对水分的需求，使果品品质得到改善和提升。

11.2.2　改善土壤环境

研究表明，高垄栽培对于土壤环境的有利影响主要表现在一下几个方面：加厚土层，扩大根系纵深生长范围，促使根系生长发达；使地表增加受光面积，显著提高地温，促使根系早发旺长；通过排水和人工灌溉调节土壤含水量，防止雨涝灾害的发生，避免或减轻果树病害的发生；土壤密度低于常规栽培方式，改善了土壤结构，增加了土壤通气性。

总之，高垄栽培通过改善根系生长的土壤环境，减少外界环境对根系的影响，促进吸收根生长和发育。

11.2.3　提高果实品质和产量

高垄栽培明显降低果树的修剪量，显著提高了桃的单株产量，这与营养生长和生殖生长之间的竞争关系相一致，即使原本用于营养生长的光合产物向果实积累，从而提高了产量。高垄栽培改变了土壤中水分的分布格局，防止高垄栽培土壤中的养分随降水淋洗入渗，有利于提高根系从土壤吸收营养的能力，从而提高了高垄栽培桃的产量。通过研究发现，高垄栽培处理蔗糖磷酸合成酶活性的活性高于常规栽培，有利用果实中蔗糖的积累，提高桃果实中可溶性糖含量。高垄栽培主要通过调控果树的水分状况直接引起树体内部产生相应生理变化，经过一系列信号传导，最终表现为产量和品质提升。

11.2.4　其他方面

研究发现，高垄栽培可以有效地调控土壤含水量，增加冠层内的光照强度，降低环境温度，提高土壤温度，有效地保持土壤的肥力，因此，最终形成以土壤水分起主导作用，其他栽培因子为辅，各栽培因子协同作用，促使高垄栽培环境因子改善。因此，高垄栽培可以明显改善果园的小气候。另外，由于高垄栽培种植的果树结果枝距地面较高，而早春花期的冷空气会聚集在垄的底部，因此与常规栽培相比，高垄栽培具有一定的防花期冻害的作用。

11.3　高垄栽培技术体系的应用前景

11.3.1　解决果树生产中品质亟待提高的问题

随着果树生产的发展和消费水平的提高，在增加产量的同时，果树生产者和研究者已日益注重果实品质的提高。满足市场对高品质水果的需求成为当前果树生产迫切需要解决的问题。众所周知，影响果实品质的关键因子除了品种外，还包括自然条件及栽培技术等，即良种良法配套。对于露地栽培的果树而言，其果实品质在很大程度上受到采前降水的影响。通过在桃树上的研究发现，我国北方大部分果树栽培地区水分的供需矛盾突出：一方面水资源供应不足，另一方面大部分降水集中在果实采摘收获期前的 1～2 个月内，致使果实品质下降，风味变淡。可见，生长期内水分的不适时、不适度供应是导致当前果实品质较低的主要原因，而目前生产上采用的栽培方难以有效地控制和利用果树生长期的降水，从而无法有效调控果实品质，但是笔者所使用的高垄栽培方式通过协调果树与其生长期内降水，基本上解决了"水热同季，降水恰逢采收期"导致果实品质降低的难题，可以实现对果实品质的有效提升。

11.3.2 高垄栽培技术的应用范围

果树按对水分需求的不同可将果树分为三类：①抗旱力较强的果树，如桃、杏、石榴、枣、无花果、凤梨；②抗旱力中等的果树，如苹果、梨、柿、樱桃、李、梅、柑橘；③抗旱力弱的果树，如香蕉、枇杷、杨梅。理论上讲，对于以上这些树种，无论其种植在哪个地区，只要存在成熟期与降水相遇导致果实品质下降的问题，就可以使用高垄栽培技术予以解决。

11.4 高垄栽培技术体系尚需完善的几个方面

11.4.1 高垄栽培起垄机械的研发和使用

目前，高垄栽培技术起垄的时候需要依靠工程机械，成本较高，一般果农无法承受，而单依靠人工进行起垄，进度不仅慢而且常常达不到高垄栽培要求的高度。因此，有必要进行起垄机械的开发，通过使用机械降低成本，加速高垄栽培技术的推广和应用。

11.4.2 高垄栽培配套施肥方法

果树进行高垄栽培的时候，由于垄上采用双行种植，株距较小，垄上无法进行机械操作，给高垄栽培提出了新的课题。一般的无机肥可以通过肥水耦合的方式施入，而有机肥则无法使用该种方法。因此，高垄栽培有机肥在垄上的施入位置及方法均成为今后研究需要解决的问题。

此外，在灌溉方法上，高垄栽培适宜进行滴灌，这也是现代化果园发展的方向。

11.5 结语

高垄栽培技术的实际应用和推广，使我国存在相同问题的核果类果树如桃、杏、李，仁果类果树如苹果和梨（早、中熟品种），浆果类果树如葡萄，热带果树柑橘等果树的果实品质明显提升，经济效益随之大幅度增加。从发现

"水热同季"的共性问题、提出生态模拟理念和高垄栽培构想，到配套栽培方法的试验研究和技术体系的完善和形成，通过 10 年多的探索、实践、试验示范和推广，高垄栽培已经成为当前果树提质增效的一项重要技术，应用前景广阔，在我国果树现代化发展进程中必将起到重要的推动作用。

参 考 文 献

[1] 白宝璋. 植物生理学 [M]. 北京：中国科学技术出版社，1992.

[2] 鲍士旦. 土壤农化分析 [M]. 3 版. 北京：中国农业出版社，2000.

[3] 曾骧. 果树生理学 [M]. 北京：北京农业大学出版社，1992.

[4] 曾骧，孟昭清，傅玉瑚，等. 果树园艺原论 [M]. 北京：农业出版社，1982.

[5] 陈发兴，刘星辉，陈立松. 果实有机酸代谢研究进展 [J]. 果树学报，2006，22(5)：526-531.

[6] 陈杰忠. 果树栽培学各论：南方本 [M]. 北京：中国农业出版社，2003.

[7] 陈俊伟，秦巧平，谢鸣，等. 草莓果实蔗糖和己糖的代谢特性及其与糖积累的关系（英文）[J]. 果树学报，2007，1：49-54.

[8] 程存刚. 提高锦丰梨外观品质关键技术研究 [D]. 中国农业科学院，2005.

[9] 邓月娥. 桃果实发育过程中主要营养成分的动态变化 [J]. 中国果业信息，2008(2)：21-32.

[10] 董启凤. 中国果树实用大全 [J]. 落叶果树卷，1998：226-234.

[11] 段永红，陶澍，李本纲. 北京市参考作物蒸散量的时空分布特征 [J]. 中国农业气象，2004，25(2)：22-25.

[12] 冯存良，陈建平，张林森. 生草栽培对富士苹果园生态环境的影响 [J]. 西北农业学报，2007，16(4)：134-137.

[13] 高慧颖，姜帆，张立杰，等. 5 个枇杷晚熟品种果实氨基酸组成和含量分析 [J]. 福建果树，2009(2)：37-41.

[14] 巩雪峰，余有本，肖斌，等. 不同栽培模式对茶园生态环境及茶叶品质的影响 [J]. 西北植物学报，2009，28(12)：2485-2491.

[15] 何忠俊，张广林. 钾对黄土区猕猴桃产量和品质的影响 [J]. 果树学报，2002a，19(3)：163-166.

[16] 何忠俊，张国武. 钾对黄土区砀山酥梨产量及品质的影响 [J]. 果树学报，2002b，19(1)：8-11.

[17] 胡军瑜，王俊刚，吴转娣，等. 液泡膜苹果酸转运蛋白研究进展 [J]. 基因组学与应用生物学，2009，28(2)：380-384.

[18] 胡伟，邵明安，王全九. 黄土高原退耕坡地土壤水分空间变异性研究 [J]. 水科学进

展，2006，17(1)：74-81.

[19] 胡小军，樊成，龚毅，等.喷施生化黄腐酸制剂对苹果产量、品质及果树生长的影响[J].腐殖酸，2007(3)：37-40.

[20] 黄辉白.夏季修剪对玫瑰香葡萄结果、果实品质和树势调节效应的研究[J].北京农业大学学报，1981，1：45-58.

[21] 贾惠娟，冈本五郎，平野健.桃果实品质形成成分与其风味之间的相关性[J].果树学报，2004a，21(1)：5-10.

[22] 贾惠娟，李斌.不同成熟采收期对清水白桃果实达到完熟时品质的影响[J].果树学报，2007，24(3)：276-281.

[23] 贾惠娟，平野健.桃果实品质形成成分与其风味之间的相关性[J].果树学报，2004b，21(1)：5-10.

[24] 雷廷武，王小伟.调控亏水度灌溉对成龄桃树生长和产量的影响[J].农业工程学报，1991，7(4)：63-69.

[25] 李苹，徐培智，解开治，等.坡地果园间种不同绿肥的效应研究[J].广东农业科学，2009(10)：90-92.

[26] 李绍华.果树生长发育，产量和果实品质对水分胁迫反应的敏感期及节水灌溉[J].植物生理学通讯，1993，29(1)：10-16.

[27] 李锡香.新鲜果蔬的品质及其分析法[M].北京：中国农业出版社，1994.

[28] 刘明池，张慎好，刘向莉.亏缺灌溉时期对番茄果实品质和产量的影响[J].农业工程学报，2008(22)：92-95.

[29] 鲁韧强，王小伟，郭宝林，等.桃树倾斜主干偏展形的光照分布与果实产量品质的关系[J].果树学报，2003，20(6)：509-511.

[30] 孟海玲，王有年，师光禄，等.桃树子房发育初期山梨醇含量及其相关酶活性的变化[J].植物生理学通讯，2007，43(2)：241-244.

[31] 牛景，赵剑波，吴本宏，等.不同来源桃种质果实糖酸组分含量特点的研究[J].园艺学报，2006，33(1)：6-11.

[32] 农业部.中国农业统计年鉴[M].北京：中国统计出版社，1997.

[33] 潘腾飞，李永裕，邱栋梁.果实品质形成的分子机理研究进展（综述）[J].亚热带植物科学，2006，35(1)：81-84.

[34] 潘增光，辛培刚.不同套袋处理对苹果果实品质形成的影响及微域生境分析[J].北方园艺，1995(2)：21-22.

[35] 曲泽州，冯学文.苹果与气候[M].1989.

[36] 曲泽洲，孙云蔚，黄昌贤.果树栽培学总论[M]北京：农业出版社，1980.

[37] 宋火茂.桃果实糖酸含量与风味品质的关系[J].山西农业科学，1992，5：25-26.

[38] 苏明申，叶正文，李胜源，等.桃的栽培价值和发展概况[J].现代农业科学，2008(3)：16-18.

[39] 孙宏勇，张喜英，邵立威. 调亏灌溉在果树上应用的研究进展 [J]. 中国生态农业学报，2009，17(6)：1289-1291.

[40] 田永辉. 不同树龄茶对根际固氮菌组成及多样性研究 [J]. 福建茶叶，2000(3)：19-21.

[41] 魏建梅，齐秀东，朱向秋，等. 苹果果实糖积累特性与品质形成的关系 [J]. 西北植物学报，2009(6)：1193-1199.

[42] 汪建飞，沈其荣. 有机酸代谢在植物适应养分和铝毒胁迫中的作用 [J]. 应用生态学报，2007，17(11)：2210-2216.

[43] 王金政，张安宁，单守明. 3 个设施或露地栽培常用杏品种光合特性的研究 [J]. 园艺学报，2005，32(6)：980-984.

[44] 王军，傅伯杰. 黄土丘陵小流域土地利用结构对土壤水分时空分布的影响 [J]. 地理学报，2000，55(1)：84-91.

[45] 王力荣. 油桃，蟠桃的遗传多效性及育种利用价值探讨 [J]. 果树学报，2009(5)：692-698.

[46] 王少敏，赵峰，曲健禄，等. 套袋对嘎拉苹果果实品质形成及温度的影响 [J]. 山东农业科学，2006(6)：33-34.

[47] 王圣梅，姜正旺. 猕猴桃果实氨基酸及其变化的研究 [J]. 果树科学，1995，12(3)：156-160.

[48] 王艳秋，吴本宏，赵剑波，等. 不同葡萄糖/果糖类型桃在果实发育期间果实和叶片中可溶性糖含量变化及其相关关系 [J]. 中国农业科学，2008，41(7)：2063-2069.

[49] 王永章，张大鹏. 红富士苹果果实蔗糖代谢与酸性转化酶和蔗糖合酶关系的研究 [J]. 园艺学报，2001，28(3)：259-261.

[50] 吴本宏. 桃糖酸品质的影响因素及糖酸分子标记的初步定位 [D]. 北京：中国农业大学，2003.

[51] 吴刚，冯宗炜，秦宜哲. 果粮间作生态系统功能特征研究 [J]. 植物生态学报，1994，18(3)：243-252.

[52] 吴光林，黄万荣，李树仁. 果树生态学 [M]. 北京：中国农业出版社，1992.

[53] 吴军林，吴清平，张菊梅. L-苹果酸的生理功能研究进展 [J]. 食品科学，2008，29(11)：650-654.

[54] 汪祖华，庄恩及. 中国果树志：桃卷 [M]. 北京：中国林业出版社，2001.

[55] 叶芝菡，谢云，刘宝元. 日平均气温的两种计算方法比较 [J]. 北京师范大学学报（自然科学版），2002，38(3)：421-426.

[56] 张光伦. 生态因子对果实品质的影响 [J]. 果树科学，1994，11(002)：120-124.

[57] 张海森，高东升，李冬梅，等. 设施桃果实品质发育生理研究 [J]. 中国农学通报，2005，21(7)：286-288.

[58] 张海英，韩涛，王有年，等. 桃果实品质评价因子的选择 [J]. 农业工程学报，

2006，22(8)：235-239.

[59] 张琦，何天明．香梨树冠内光照分布及其对果实品质的影响［J］．落叶果树，2001，
33(3)：1-3.

[60] 张上隆．果实品质形成与调控的分子生理［M］．北京：中国农业出版社，2007.

[61] 张守仕，彭福田，姜远茂，等．肥料袋控缓释对桃氮素利用率及生长和结果的影响
［J］．植物营养与肥料学报，2008，14(2)：379-386.

[62] 张永平，乔永旭，喻景权，等．园艺植物果实糖积累的研究进展［J］．中国农业科
学，2008，41(4)：1151-1157.

[63] 章秋平，李疆，王力荣，等．红肉桃果实发育过程中色素和糖酸含量的变化［J］．果
树学报，2008，25(3)：312-315.

[64] 赵剑波，姜全，郭继英，等．蟠桃果实生长期糖酸含量变化规律研究［J］．江苏农业
科学，2009a，3：208-209.

[65] 赵剑波，梁振昌，杨君，等．三个类型桃及其杂种后代糖酸含量的差异［J］．园艺学
报，2009b，36(1)：93-98.

[66] 赵剑波，吴本宏，姜全，等．桃种质资源糖酸品质研究进展［J］．北方园艺，2008，
4：107-109.

[67] 赵永红，李宪利，姜泽盛，等．设施油桃果实发育过程中有机酸代谢的研究［J］．中
国生态农业学报，2007，5：87-89.

[68] 赵智中，张上隆，徐昌杰，等．蔗糖代谢相关酶在温州蜜柑果实糖积累中的作用［J］.
园艺学报，2001，28(2)：112-118.

[69] 国家统计局．中国农业统计年鉴［M］．北京：中国统计出版社，2009.

[70] 周罕觅．桃树需水信号对灌水量和微气象环境的响应研究［D］．杨凌：西北农林科技
大学，2011.

[71] 朱更瑞，王力荣，左覃元，等．优良油桃品种简介［J］．北方果树，1998，3：38-39.

[72] 左覃元，朱更瑞．油桃生产发展中应注意的几个问题［J］．果树科学，1996，13
(003)：206-207.

[73] 左覃元，朱更瑞，王力荣．桃的品种及其结构调整［J］．农家顾问，1994，10：012.

[74] Abbott J A. Quality measurement of fruits and vegetables［J］. Postharvest biology and
technology, 1999, 15(3)：207-225.

[75] Abrisqueta I, Vera J, Tapia L, et al. Soil water content criteria for peach trees water
stress detection during the postharvest period［J］. Agricultural Water Management,
2012, 104：62-67.

[76] Ackermann J, Fischer M, Amado R. Changes in sugars, acids, and amino acids during
ripening and storage of apples（cv. Glockenapfel）［J］. Journal of Agricultural and
Food Chemistry, 1992, 40(7)：1131-1134.

[77] Allen R G, Pereira L S, Raes D, et al. Crop evapotranspiration-Guidelines for computing

crop water requirements-FAO Irrigation and drainage paper 56 [J]. FAO, Rome. 1998, 300: 6541.

[78] Allentoff N, Phillips W, Johnston F. A ^{14}C study of carbon dioxide fixation in the apple. I. —the distribution of incorporated ^{14}C in the detached mcintosh apple [J]. Journal of the Science of Food and Agriculture, 1954, 5(5): 231-234.

[79] Álvarez-Fernández A, Paniagua P, Abadía J, et al. Effects of Fe deficiency chlorosis on yield and fruit quality in peach (*Prunus persica* L. Batsch)[J]. Journal of Agricultural and Food Chemistry, 2003, 51(19): 5738-5744.

[80] Ames B N, Shigenaga M K, Hagen T M. Oxidants, antioxidants, and the degenerative diseases of aging [J]. Proceedings of the National Academy of Sciences, 1993, 90(17): 7915-7922.

[81] Anderson J W, Allgood L D, Lawrence A, et al. Cholesterol-lowering effects of psyllium intake adjunctive to diet therapy in men and women with hypercholesterolemia: meta-analysis of 8 controlled trials [J]. The American journal of clinical nutrition, 2000, 71 (2): 472-479.

[82] Aoki N, Scofield G N, Wang X D, et al. Pathway of sugar transport in germinating wheat seeds [J]. Plant physiology, 2006, 141(4): 1255-1263.

[83] Børve J, Stensvand A. Use of a plastic rain shield reduces fruit decay and need for fungicides in sweet cherry [J]. Plant disease. 2003, 87(5): 523-528.

[84] Basile B, Cirillo C, Iannini C, et al. Effects of Harvest Date and Fruit Position Along the Tree Canopy on Peach Fruit Quality [J]. Acta Horticulturae. 2001, 592: 459-466.

[85] Bean R, Todd G. Photosynthesis and respiration in developing fruits. I. ^{14}CO$_2$ uptake by young oranges in light and in dark [J]. Plant physiology, 1960, 35(4): 425.

[86] Mechlia N B, Ghrab M, Zitouna R, et al. Cumulative effect over five years of deficit irrigation on peach yield and quality. In: V International Peach Symposium, 2001, 592: 301-307.

[87] Berman M, DeJong T. Water stress and crop load effects on fruit fresh and dry weights in peach (*Prunus persica*) [J]. Tree Physiology. 1996, 16(10): 859-864.

[88] Besset J, Génard M, Girard T, et al. Effect of water stress applied during the final stage of rapid growth on peach trees (cv. Big-Top) [J]. Scientia horticulturae. 2001, 91 (3): 289-303.

[89] Bhatia S, Singh R. Phytohormone-mediated transformation of sugars to starch in relation to the activities of amylases, sucrose-metabolising enzymes in sorghum grain [J]. Plant growth regulation. 2002, 36(2): 97-104.

[90] Boatman N D, Parry H R, Bishop J D, et al. Impacts of agricultural change on farmland biodiversity in the UK [J]. Hester R E, and Harrison R M (eds), Biodiversity under

threat, RSC Publishing, Cambridge, UK 2007, 1-32.

[91] Boland A, Jerie P, Mitchell P, et al. Long-term effects of restricted root volume and regulated deficit irrigation on peach: I. Growth and mineral nutrition [J]. Journal of the American Society for Horticultural Science. 2000, 125(1): 135-142.

[92] Bray E A. Molecular responses to water deficit [J]. Plant physiology. 1993, 103 (4): 1035.

[93] Bray E A. Plant responses to water deficit [J]. Trends in plant science, 1997, 2(2): 48-54.

[94] Bregoli A M, Scaramagli S, Costa G, et al. Peach (*Prunus persica*) fruit ripening: aminoethoxyvinylglycine (AVG) and exogenous polyamines affect ethylene emission and flesh firmness [J]. Physiologia Plantarum, 2002, 114(3): 472-481.

[95] Bregoli A M, Ziosi V, Biondi S, et al. Postharvest 1-methylcyclopropene application in ripening control of "Stark Red Gold" nectarines: temperature-dependent effects on ethylene production and biosynthetic gene expression, fruit quality, and polyamine levels [J]. Postharvest biology and technology, 2005, 37(2): 111-121.

[96] Bruhn C M, Feldman N, Garlitz C, et al. Consumer perceptions of quality: apricots, cantaloupes, peaches, pears, strawberries, and tomatoes [J]. Journal of Food Quality, 1991, 14(3): 187-195.

[97] Byrne D. Breeding peaches and nectarines for mild-winter climate areas: state of the art and future directions. In: Proceedings of the first Mediterranean peach symposium, Agrigento, Italy, 2003: 102-109.

[98] Caprio J, Quamme H. Influence of weather on apricot, peach and sweet cherry production in the Okanagan Valley of British Columbia [J]. Canadian journal of plant science, 2006, 86(1): 259-267.

[99] Carvajal M, Cerdá A, Martinez V. Modification of the response of saline stressed tomato plants by the correction of cation disorders [J]. Plant growth regulation, 2000, 30(1): 37-47.

[100] Chalmers D, Mitchell P, Jerie P. The relation between irrigation, growth and productivity of peach trees [C]. In: International Conference on Peach Growing, 1984: 283-288.

[101] Chalmers D J, Mitchell P D, van Heek L. Control of peach tree growth and productivity by regulated water supply, tree density, and summer pruning [Trickle irrigation] [J]. Journal American Society for Horticultural Science, 1981, 106: 307-312.

[102] Chandrashekar J, Hoon M A, Ryba N J, et al. The receptors and cells for mammalian taste [J]. Nature, 2006, 444(7117): 288-294.

[103] Chapman Jr G W, Horvat R. Changes in nonvolatile acids, sugars, pectin and sugar

composition of pectin during peach (cv. Monroe) maturation [J]. Journal of Agricultural and Food Chemistry, 1990, 38(2): 383-387.

[104] Chapman Jr G W, Horvat R J, Forbus Jr W R. Physical and chemical changes during the maturation of peaches (cv. Majestic) [J]. Journal of Agricultural and Food Chemistry, 1991, 39(5): 867-870.

[105] Cheng W H, Endo A, Zhou L, et al. A unique short-chain dehydrogenase/reductase in Arabidopsis glucose signaling and abscisic acid biosynthesis and functions [J]. Science's STKE, 2002, 14(11): 2723.

[106] Cline J A, Meland M, Sekse L, et al. Rain cracking of sweet cherries: Ⅱ. Influence of rain covers and rootstocks on cracking and fruit quality [J]. Acta Agriculturae Scandinavica B-Plant Soil Sciences, 1995, 45(3): 224-230.

[107] Colaric M, Veberic R, Stampar F, et al. Evaluation of peach and nectarine fruit quality and correlations between sensory and chemical attributes [J]. Journal of the Science of Food and Agriculture, 2005, 85(15): 2611-2616.

[108] Conwall W. Effects of preharvest and postharvest calcium treatments of peaches on decay caused by Monilinia fructicola [J]. Plant disease, 1987, 71: 1084-1086.

[109] Cooper C, Moore M, Bennett E, et al. Innovative uses of vegetated drainage ditches for reducing agricultural runoff [J]. Water Science & Technology, 2004, 49 (3): 117-123.

[110] Costa G, Fiori G, Noferini M, et al. Internal fruit quality: how to influence it, how to define it [J]. Acta Horticulturae, 2006, 712: 339-346.

[111] Costa G, Miserocchi O, Bregoli A M. NIRS evaluation of peach and nectarine fruit quality in pre-and post-harvest conditions [J]. Acta Horticulturae, 2002, 592: 593-599.

[112] Costa G, Noferini M, Montefiori M, et al. Non-destructive assessment methods of kiwifruit quality [J]. Acta Horticulturae, 2003, 610: 179-189.

[113] Crisosto C. How do we increase peach consumption? [J]. Acta Horticulturae, 2002, 592: 601-605.

[114] Crisosto C, Crisosto G, Neri F. Understanding tree fruit quality based on consumer acceptance [C]. In: IV International Conference on Managing Quality in Chains-The Integrated View on Fruits and Vegetables Quality, 2006: 183-190.

[115] Crisosto C H, Crisosto G, Bowerman E. Searching for consumer satisfaction: new trends in the California peach industry [C]. In: Proceedings of the First Mediterranean Peach Symposium, 2003a: 113-118.

[116] Crisosto C H, Crisosto G, Bowerman E. Understanding consumer acceptance of peach, nectarine and plum cultivars [C]. In: International Conference on Quality in Chains.

An Integrated View on Fruit and Vegetable Quality, 2003b: 115-119.

[117] Crisosto C H, Crisosto G M. Relationship between ripe soluble solids concentration (RSSC) and consumer acceptance of high and low acid melting flesh peach and nectarine (*Prunus persica* (L.) Batsch) cultivars [J]. Postharvest biology and technology, 2005, 38(3): 239-246.

[118] Crisosto C H, Crisosto G M, Metheney P. Consumer acceptance of "Brooks" and "Bing" cherries is mainly dependent on fruit SSC and visual skin color [J]. Postharvest biology and technology, 2003c, 28(1): 159-167.

[119] Crisosto C H, Costa G, Layne D, et al. Preharvest factors affecting peach quality [J]. The peach: botany, production and uses, 2008: 536-549.

[120] Crisosto C H, Day K R, Johnson R S, et al. Influence of in-season foliar calcium sprays on fruit quality and surface discoloration incidence of peaches and nectarines [J]. Journal American Pomological Society, 2000, 54: 118-122.

[121] Crisosto C H, Johnson R S, Luza J G, et al. Irrigation regimes affect fruit soluble solids concentration and rate of water loss of O "Henry" peaches [J]. HortScience, 1994, 29(10): 1169-1171.

[122] Crisosto C H, Mitchell F G, Johnson S. Factors in fresh market stone fruit quality [J]. Postharvest News and Information, 1995, 6(2): 17-21.

[123] Daane K, Johnson R, Michailides T, et al. Excess nitrogen raises nectarine susceptibility to disease and insects [J]. California Agriculture, 1995, 49(4): 13-18.

[124] Day K R. Orchard factors affecting postharvest stone fruit quality [J]. HortScience, 1997, 32(5): 820-823.

[125] Diakou P, Svanella L, Raymond P, et al. Phosphoenolpyruvate carboxylase during grape berry development: protein level, enzyme activity and regulation [J]. Functional Plant Biology, 2000, 27(3): 221-229.

[126] Dichio B, Xiloyannis C, Sofo A, et al. Effects of post-harvest regulated deficit irrigation on carbohydrate and nitrogen partitioning, yield quality and vegetative growth of peach trees [J]. Plant and Soil, 2007, 290(1-2): 127-137.

[127] Doll R. An overview of the epidemiological evidence linking diet and cancer [J]. Proceedings of the Nutrition Society, 1990, 49(2): 119-131.

[128] Dorji K, Behboudian M, Zegbe-Dominguez J. Water relations, growth, yield, and fruit quality of hot pepper under deficit irrigation and partial rootzone drying [J]. Scientia horticulturae, 2005, 104(2): 137-149.

[129] Dragsted L O, Strube M, Larsen J C. Cancer-protective factors in fruits and vegetables: biochemical and biological background [J]. Pharmacology and toxicology, 1993, 72(1): 116-135.

[130] Else M, Atkinson C. Climate change impacts on UK top and soft fruit production [J]. Outlook on Agriculture, 2010, 39(4): 257-262.

[131] Esteban M A, Villanueva M J, Lissarrague J. Effect of irrigation on changes in berry composition of Tempranillo during maturation. Sugars, organic acids, and mineral elements [J]. American Journal of Enology and Viticulture, 1999, 50(4): 418-434.

[132] Etienne C, Moing A, Dirlewanger E, et al. Isolation and characterization of six peach cDNAs encoding key proteins in organic acid metabolism and solute accumulation: involvement in regulating peach fruit acidity [J]. Physiologia Plantarum, 2002, 114 (2): 259-270.

[133] Fereres E, Soriano M A. Deficit irrigation for reducing agricultural water use [J]. Journal of experimental botany, 2007, 58(2): 147-159.

[134] Fideghelli C, Della Strada G, Grassi F, et al. The peach industry in the world: present situation and trend. In: IV International Peach Symposium, 1997, 465: 29-40.

[135] Fiori G, Bucchi F, Corelli Grappadelli L, et al. Effetto dteli riflettenti a terra sugli scambi gassosi e la qualità delle produzioni in pesco [J]. Atti VI Giornate Scientifiche SOI, 2002: 157-158.

[136] Forshey C, Elfving D. The relationship between vegetative growth and fruiting in apple trees [J]. Horticultural Reviews, 1989, 11: 229-287.

[137] Forsline P, Musselman R, Kender W, et al. Effects of acid rain on apple tree productivity and fruit quality: New York State Agricultural Experiment Station, Geneva (USA). Dept. of Pomology and Viticulture, 1983.

[138] Frecon J, Belding R, Lokaj G. Evaluation of white-fleshed peach and nectarine varieties in New Jersey [J]. Acta Horticulturae, 2002, 592: 467-477.

[139] Fulton T, Bucheli P, Voirol E, et al. Quantitative trait loci (QTL) affecting sugars, organic acids and other biochemical properties possibly contributing to flavor, identified in four advanced backcross populations of tomato [J]. Euphytica, 2002, 127(2): 163-177.

[140] Gao Q H, Ye Z W, Li S C, et al. Effect of reflective film on photosynthetic characteristics and rhizospheric temperature of juicy peach [J]. Chinese Journal of Eco-Agriculture, 2008, 1: 35.

[141] Gautier H, Diakou-Verdin V, Bénard C, et al. How does tomato quality (sugar, acid, and nutritional quality) vary with ripening stage, temperature, and irradiance? [J]. Journal of Agricultural and Food Chemistry, 2008, 56(4): 1241-1250.

[142] Gelly M, Recasens I, Mata M, et al. Effects of water deficit during stage II of peach fruit development and postharvest on fruit quality and ethylene production [J]. Journal of horticultural science & biotechnology, 2003, 78(3): 324-330.

[143] Genyun W S D. A study on the mechanism of soil temperature in creasing under plastic mulch [J]. Scientia Agricultura Sinica, 1991, 3: 10.

[144] George A, Nissen R. Effects of water stress, nitrogen and paclobutrazol on flowering, yield and fruit quality of the low-chill peach cultivar, "Flordaprince" [J]. Scientia horticulturae, 1992, 49(3): 197-209.

[145] Gionvannini D, Brandi F, Liverani A. Increasing fruit quality of peaches and nectarines: the main goals of ISF-FO (Italy) [J]. Acta Horticulturae, 2002, 592: 507-514.

[146] Giorgi M, Capocasa F, Scalzo J, et al. The rootstock effects on plant adaptability, production, fruit quality, and nutrition in the peach (cv. "Suncrest")[J]. Scientia horticulturae, 2005, 107(1): 36-42.

[147] Giovannoni J. Molecular biology of fruit maturation and ripening [J]. Annual review of plant biology, 2001, 52(1): 725-749.

[148] Giovannoni J J. Genetic regulation of fruit development and ripening [J]. The Plant Cell Online, 2004, (16): 170-180.

[149] Girona J. Regulated deficit irrigation in peach. A global analysis [J]. Acta Horticulturae, 2002: 335-342.

[150] Girona J, del Campo J, Mata M, et al. A comparative study of apple and pear tree water consumption measured with two weighing lysimeters [J]. Irrigation Science, 2011, 29(1): 55-63.

[151] Girona J, Mata M, Fereres E, et al. Evapotranspiration and soil water dynamics of peach trees under water deficits [J]. Agricultural Water Management, 2002, 54(2): 107-122.

[152] Glenn D M, Puterka G J, Drake S R, et al. Particle film application influences apple leaf physiology, fruit yield, and fruit quality [J]. Journal of the American Society for Horticultural Science, 2001, 126(2): 175-181.

[153] Goldhammer D, Salinas M, Crisosto C, et al. Effects of regulated deficit irrigation and partial root zone drying on late harvest peach tree performance [J]. Acta Horticulturae, 2001, 592: 343-350.

[154] González-Altozano P, Castel J. Regulated deficit irrigation in "Clementina de Nules" citrus trees. Ⅱ: Vegetative growth [J]. Journal of Horticultural Science and Biotechnology, 2000, 75(4): 388-392.

[155] González-Dugo V, Ruz C, Soriano M, et al. Response to regulated deficit irrigation of a nectarine orchard in southern Spain. In: ⅩⅩⅧ International Horticultural Congress on Science and Horticulture for People (IHC2010): International Symposium, 2010: 217-220.

[156] Haffaker R, Wallace A. Dark fixation of CO_2 in homogenates from citrus leaves, fruits,

and roots [J], 1959：348-357.

[157] Hardy P. Metabolism of sugars and organic acids in immature grape berries [J]. Plant physiology, 1968, 43(2)：224.

[158] Herzon I, Helenius J. Agricultural drainage ditches, their biological importance and functioning [J]. Biological Conservation, 2008, 141(5)：1171-1183.

[159] Hilaire C. The peach industry in France：state of art, research and development [C]. ∥In：Marra, F. and Sottile, F. Presented at the Proceedings of the First Mediterranean Peach Symposium, Agrigento, Italy, 2003：27-34.

[160] Horvath D. Common mechanisms regulate flowering and dormancy [J]. Plant science, 2009, 177(6)：523-531.

[161] Hubbard N L, Huber S C, Pharr D M. Sucrose phosphate synthase and acid invertase as determinants of sucrose concentration in developing muskmelon (*Cucumis melo* L.) fruits [J]. Plant physiology, 1989, 91(4)：1527-1530.

[162] Hubbard N L, Pharr D M, Huber S C. Role of sucrose-phosphate synthase in sucrose biosynthesis in ripening bananas and its relationship to the respiratory climacteric [J]. Plant Physiol, 1990, 94：201-208.

[163] Hubbard N L, Pharr D M, Huber S C. Sucrose phosphate synthase and other sucrose metabolizing enzymes in fruits of various species [J]. Physiologia Plantarum, 1991, 82(2)：191-196.

[164] Iannini C, Cirillo C, Basile B, et al. Estimation of nectarine yield efficiency and light interception by the canopy in different training systems [J]. Acta Horticulturae, 2002, 592：357-365.

[165] Iglesias I, Echeverría G. Differential effect of cultivar and harvest date on nectarine colour, quality and consumer acceptance [J]. Scientia horticulturae, 2009, 120(1)：41-50.

[166] Inagaki S, Umeda M. Cell-cycle control and plant development [J]. Int Rev Cell Mol Biol, 2011, 291：227-261.

[167] Infante R, Martínez-Gómez P, Predieri S. Quality oriented fruit breeding：Peach [*Prunus persica* (L.) Batsch] [J]. Journal of Food Agriculture & Enviroment, 2008, 6(2)：342-356.

[168] Jiang F, Wang Y, Sun H, et al. Intracellular compartmentation and membrane permeability to sugars and acids at different growth stages of peach [J]. Scientia horticulturae, 2013, 161：210-215.

[169] John O-A, Yamaki S. Sugar content, compartmentation, and efflux in strawberry tissue [J]. Journal of the American Society for Horticultural Science, 1994, 119(5)：1024-1028.

[170] John O A, Yamaki S. Sugar content, compartmentation, and efflux in strawberry tissue [J]. Journal of the American Society for Horticultural Science, 1994, 119(5): 1024-1028.

[171] Johnson R S, Handley D, deJong T. Long-term response of early maturing peach trees to postharvest water deficits [J]. Journal of the American Society for Horticultural Science, 1992, 117(6): 881-886.

[172] Jones H, Brennan R. Potential impacts of climate change on soft fruit production: the example of winter chill in Ribes. In: Workshop on Berry Production in Changing Climate Conditions and Cultivation Systems. COST-Action 863: Euroberry Research: from, 2008: 27-33.

[173] Jones W, Cree C. Environmental factors related to fruiting of Washington Navel oranges over a 38-year period [J], proc1965, 86: 267-271.

[174] Jordan R B, Seelye R J. Relationship between taste perception, density and soluble solids concentration in kiwifruit (*Actinidia deliciosa*) [J]. New Zealand Journal of Crop and Horticultural Science, 2009, 37(4): 303-317.

[175] Kader A A. Influence of preharvest and postharvest environment on nutritional composition of fruits and vegetables. Presented at the Horticulture and Human Health: Contributions of Fruits and Vegetables. Proceedings of the 1st International Symposium on Horticulture and Human Health. Prentice-Hall, Englewood Cliffs, NJ, 1988: 18-32.

[176] Kilili A, Behboudian M, Mills T. Composition and quality of "Braeburn" apples under reduced irrigation [J]. Scientia horticulturae, 1996, 67(1): 1-11.

[177] Kim J, Jun S H, Kang H G, et al. Molecular characterization of a GA-inducible gene, Cvsus1, in developing watermelon seeds [J]. Molecules and cells, 2002, 14(2): 255.

[178] Kliewer W. Effect of day temperature and light intensity on concentration of malic and tartaric acids in *Vitis vinifera* L. grapes [J]. J. Amer. Soc. Hort. Sci, 1971, 96(3): 372-377.

[179] Kliewer W, Weaver R. Effect of crop level and leaf area on growth, composition, and coloration of Tokay'Grapes [J]. American Journal of Enology and Viticulture, 1971, 22(3): 172-177.

[180] Kobashi K, Gemma H, Iwahori S. Abscisic acid content and sugar metabolism of peaches grown under water stress [J]. Journal of the American Society for Horticultural Science, 2000, 125(4): 425-428.

[181] Kobashi K, Sugaya S, Gemma H, et al. Effect of abscisic acid (ABA) on sugar accumulation in the flesh tissue of peach fruit at the start of the maturation stage [J]. Plant growth regulation, 2001, 35(3): 215-223.

[182] Komatsu A, Takanokura Y, Moriguchi T, et al. Differential expression of three

sucrose-phosphate synthase isoforms during sucrose accumulation in citrus fruits (Citrus unshiu Marc.) [J]. Plant science, 1999, 140(2): 169-178.

[183] Konishi T, Ohmiya Y, Hayashi T. Evidence that sucrose loaded into the phloem of a poplar leaf is used directly by sucrose synthase associated with various β-glucan synthases in the stem [J]. Plant physiology, 2004, 134(3): 1146-1152.

[184] Lamikanra O, Inyang I D, Leong S. Distribution and effect of grape maturity on organic acid content of red muscadine grapes [J]. Journal of Agricultural and Food Chemistry, 1995, 43(12): 3026-3028.

[185] Langenkämper G, McHale R, Gardner R C, et al. Sucrose-phosphate synthase steady-state mRNA increases in ripening kiwifruit [J]. Plant molecular biology, 1998, 36(6): 857-869.

[186] Layne D R, Jiang Z, Rushing J W. Tree fruit reflective film improves red skin coloration and advances maturity in peach [J]. HortTechnology, 2001, 11(2): 234-242.

[187] Lee S K, Kader A A. Preharvest and postharvest factors influencing vitamin C content of horticultural crops [J]. Postharvest biology and technology, 2000, 20 (3): 207-220.

[188] Li X X, Hayata Y, Yasukawa J, et al. Response of sucrose metabolizing enzyme activity to CPPU and p-CPA treatments in excised discs of muskmelon [J]. Plant growth regulation, 2002, 36(3): 237-240.

[189] Lindemann B. Receptors and transduction in taste [J]. Nature, 2001, 413(6852): 219-225.

[190] Lindemann B. Taste reception [J]. Physiological Reviews, 1996, 76(3): 719-766.

[191] Llácer G, Alonso J, Rubio-Cabetas M, et al. Peach industry in Spain [J]. Journal of American Pomological Society, 2009, 63(3): 128.

[192] Lo Bianco R, Rieger M, Sung S J S. Effect of drought on sorbitol and sucrose metabolism in sinks and sources of peach [J]. Physiologia Plantarum, 2000, 108(1): 71-78.

[193] Loescher W H. Physiology and metabolism of sugar alcohols in higher plants [J]. Physiologia Plantarum, 1987, 70(3): 553-557.

[194] Luchsinger L, Ortin P, Reginato G, et al. Influence of canopy fruit position on the maturity and quality of angelus peaches [J]. Acta Horticulturae, 2002: 515-521.

[195] Luedeling E. Climate change impacts on winter chill for temperate fruit and nut production: a review [J]. Scientia horticulturae, 2012, 144: 218-229.

[196] Macklon A. Cortical cell fluxes and transport to the stele in excised root segments of *Allium cepa* L [J]. Planta, 1975, 122(2): 109-130.

[197] Macrae E A, Bowen J H, Stec M G H. Maturation of kiwifruit (*Actinidia deliciosa* cv Hayward) from two orchards: differences in composition of the tissue zones [J].

Journal of the Science of Food and Agriculture, 1989, 47(4): 401-416.

[198] MacRae E , Quick W P , Benker C , et al . Carbohydrate metabolism during postharvest ripening in kiwifruit [J] . Planta , 1992, 188 : 314-323.

[199] Marini R P, Sowers D, Marini M C. Peach fruit quality is affected by shade during final swell of fruit growth [J] . Journal of the American Society for Horticultural Science, 1991, 116(3): 383-389.

[200] Marra F, Lo Bianco R, La Mantia M, et al. Growth, yield and fruit quality of "Tropic Snow" peach on size-controlling rootstocks under dry Mediterranean climates [J] . Scientia horticulturae, 2013, 160: 274-282.

[201] Marsal J, Lopez G, Mata M, et al. Recommendations for water conservation in peach orchards in mediterranean climate zones using combined regulated deficit irrigation [C]. In: Ⅳ International Symposium on Irrigation of Horticultural Crops, 2003, 664: 391-397.

[202] Marsh K B, Friel E N, Gunson A, et al. Perception of flavour in standardised fruit pulps with additions of acids or sugars [J] . Food quality and preference, 2006, 17 (5): 376-386.

[203] Masia A, Zanchin A, Rascio N, et al. Some biochemical and ultrastructural aspects of peach fruit development [J] . Journal of the American Society for Horticultural Science, 1992, 117(5): 808-815.

[204] Mathooko F M, Tsunashima Y, Owino W Z, et al. Regulation of genes encoding ethylene biosynthetic enzymes in peach (*Prunus persica* L.) fruit by carbon dioxide and 1-methylcyclopropene [J] . Postharvest biology and technology, 2001, 21 (3): 265-281.

[205] Miller S, Smith G, Boldingh H, et al. Effects of water stress on fruit quality attributes of kiwifruit [J] . Annals of Botany, 1998, 81(1): 73-81.

[206] Mills T, Behboudian M, Clothier B. Preharvest and storage quality of "Braeburn" apple fruit grown under water deficit conditions [J] . New Zealand Journal of Crop and Horticultural Science, 1996, 24(2): 159-166.

[207] Moing A, Svanella L, Rolin D, et al. Compositional changes during the fruit development of two peach cultivars differing in juice acidity [J] . Journal of the American Society for Horticultural Science, 1998, 123(5): 770-775.

[208] Moore M, Denton D, Cooper C, et al. Mitigation assessment of vegetated drainage ditches for collecting irrigation runoff in California [J] . Journal of environmental quality, 2008, 37(2): 486-493.

[209] Moore M T, Denton D L, Cooper C M, et al. Use of vegetated agricultural drainage ditches to decrease pesticide transport from tomato and alfalfa fields in California, USA

[J]. Environmental Toxicology and Chemistry, 2011, 30(5): 1044-1049.

[210] Moriguchi T, Abe K, Sanada T, et al. Levels and role of sucrose synthase, sucrose-phosphate synthase, and acid invertase in sucrose accumulation in fruit of Asian pear [J]. Journal of the American Society for Horticultural Science, 1992, 117(2): 274-278.

[211] Moriguchi T, Ishizawa Y, Sanada T. Differences in sugar composition in *Prunus persica* fruit and the classification by the principal component analysis [J]. Engei Gakkai zasshi, Journal of the Japanese Society for Horticultural Science, 1990a, 59(2): 307-312.

[212] Moriguchi T, Sanada T, Yamaki S. Seasonal fluctuations of some enzymes relating to sucrose and sorbitol metabolism in peach fruit [J]. Journal of the American Society for Horticultural Science. 1990b, 115(2): 278-281.

[213] Moriguchi T, Yamaki S. Purification and characterization of sucrose synthase from peach (Prunus persica) fruit [J]. Plant and Cell Physiology, 1988, 29 (8): 1361-1366.

[214] Mounzer O H, Conejero W, Nicolás E, et al. Growth pattern and phenological stages of early-maturing peach trees under a Mediterranean climate [J]. HortScience, 2008, 43(6): 1813-1818.

[215] Mpelasoka B S, Behboudian M, Dixon J, et al. Improvement of fruit quality and storage potential of "Braeburn" apple through deficit irrigation [J]. Journal of Horticultural Science and Biotechnology, 2000, 75(5): 615-621.

[216] Nagy S. Vitamin C contents of citrus fruit and their products: a review [J]. Journal of Agricultural and Food Chemistry, 1980, 28(1): 8-18.

[217] Needelman B A, Kleinman P J, Strock J S, et al. Drainage ditches improved management of agricultural drainage ditches for water quality protection: an overview [J]. Journal of Soil and Water Conservation, 2007, 62(4): 171-178.

[218] Nguyen-Quoc B, Foyer C H. A role for "futile cycles" involving invertase and sucrose synthase in sucrose metabolism of tomato fruit [J]. Journal of experimental botany, 2001, 52(358): 881-889.

[219] Ofosu-Anim J, Yamaki S. Sugar content and compartmentation in melon (*Cucumis melo*) fruit and the restriction of sugar efflux from flesh tissue by ABA [J]. Journal of the Japanese Society for Horticultural Science (Japan). 1994

[220] Onguso J M, Mizutani F, Hossain A S. Effects of partial ringing and heating of trunk on shoot growth and fruit quality of peach trees [J]. Botanical Bulletin of Academia Sinica, 2004, 45

[221] Oparka K J. What is phloem unloading? [J]. Plant physiology, 1990, 94(2): 393.

[222] Pan Q H, Li M J, Peng C C, et al. Abscisic acid activates acid invertases in developing grape berry [J]. Physiologia Plantarum, 2005, 125(2): 157-170.

[223] Pan Q H, Yu X C, Zhang N, et al. Activity, but not expression, of soluble and cell wall-bound acid invertases is induced by abscisic acid in developing apple fruit [J]. Journal of Integrative Plant Biology, 2006, 48(5): 536-549.

[224] Parker D, Zilberman D, Moulton K. How quality relates to price in California fresh peaches [J]. California Agriculture, 1991, 45(2): 14-16.

[225] Passioura J. Soil conditions and plant growth [J]. Plant, cell & environment, 2002, 25(2): 311-318.

[226] Passioura J. Soil structure and plant growth [J]. Soil Research, 1991, 29(6): 717-728.

[227] Peano C, Bounous G, Giacalone G. Correlation between thinning amount and fruit quality in peaches and nectarines [J]. Acta Horticulturae, 2002: 479-483.

[228] Peco B, Espigares T. Floristic fluctuations in annual pastures: the role of competition at the regeneration stage [J]. Journal of Vegetation Science, 1994, 5(4): 457-462.

[229] Peng Y B, Lu Y F, Zhang D P. Abscisic acid activates ATPase in developing apple fruit especially in fruit phloem cells [J]. Plant, cell & environment, 2003, 26(8): 1329-1342.

[230] Prashar C, Pearl R, Hagan R. Review on water and crop quality [J]. Scientia horticulturae, 1976, 5(3): 193-205.

[231] Pratella G, Biondi G, Bassi R. Indici di maturazione per la raccolta: valutazione obiettiva per il miglioramento qualitativo delle pesche [J]. Rivista di Frutticoltura e di Ortofloricoltura, 1988, 50.

[232] Proctor J T. Effect of simulated sulfuric acid rain on apple tree foliage, nutrient content, yield and fruit quality [J]. Environmental and Experimental Botany, 1983, 23(2): 167-174.

[233] Qassim A, Goodwin I, Bruce R. Postharvest deficit irrigation in "Tatura 204" peach: Subsequent productivity and water saving [J]. Agricultural Water Management, 2013, 117: 145-152.

[234] Ranganna S. Handbook of analysis and quality control for fruit and vegetable products [M]. Tata McGraw-Hill Education, 1986.

[235] Rattigan K, Hill S. Relationship between temperature and flowering in almond [J]. Animal Production Science, 1986, 26(3): 399-404.

[236] Reighard G. Current directions of peach rootstock programs worldwide [J]. Acta Horticulturae, 2001, 592: 421-427.

[237] Richardson A, Marsh K, Boldingh H, et al. High growing temperatures reduce fruit carbohydrate and vitamin C in kiwifruit [J]. Plant, cell & environment, 2004, 27(4): 423-435.

[238] Rossetto M R M, Purgatto E, do Nascimento J R O, et al. Effects of gibberellic acid on sucrose accumulation and sucrose biosynthesizing enzymes activity during banana ripening [J]. Plant growth regulation, 2003, 41(3): 207-214.

[239] Ruan Y L, Patrick J W. The cellular pathway of postphloem sugar transport in developing tomato fruit [J]. Planta, 1995, 196(3): 434-444.

[240] Ruiz D, Campoy J A, Egea J. Chilling and heat requirements of apricot cultivars for flowering [J]. Environmental and Experimental Botany, 2007, 61(3): 254-263.

[241] Ruperti B, Cattivelli L, Pagni S, et al. Ethylene-responsive genes are differentially regulated during abscission, organ senescence and wounding in peach (Prunus persica) [J]. Journal of experimental botany, 2002, 53(368): 429-437.

[242] Schaffer A A, Aloni B, Fogelman E. Sucrose metabolism and accumulation in developing fruit of Cucumis [J]. Phytochem, 1987, 26: 1883-1887.

[243] Saftner R A, Daie J, Wyse R E. Sucrose uptake and compartmentation in sugar beet taproot tissue [J]. Plant physiology, 1983, 72(1): 1-6.

[244] Saito Y, Bantog N, Morimoto R, et al. Stimulation of rooting from cuttings of strawberry runner plants by abscisic acid under high temperature condition [J]. Journal of the Japanese Society for Horticultural Science, 2009, 78(3): 314-319.

[245] Scherz H, Senser F. Food composition and nutrition tables [M]. Medpharm GmbH Scientific Publishers, 1994.

[246] Scorza R, Petri C. Peach [J]. Compendium of Transgenic Crop Plants, 1996.

[247] Scudellari D, Tagliavini M, Pelliconi F. Aspetti teorici ed applicativi del calcio nelle colture arboree [fabbisogni nutrizionali delle piante] [J]. Informatore Agrario, 1995.

[248] Scudellari D, Toselli M, Marangoni B, et al. La diagnostica fogliare nelle piante arboree da frutto a foglia caduca [J]. Bollettino della Società Italiana di Scienza del Suolo, 1999, 48(8): 829-842.

[249] Sepulcre-Cantó G, Zarco-Tejada P J, Jiménez-Mu ñoz J, et al. Monitoring yield and fruit quality parameters in open-canopy tree crops under water stress. Implications for ASTER [J]. Remote Sensing of Environment, 2007, 107(3): 455-470.

[250] Seymour G B, Østergaard L, Chapman N H, et al. Fruit development and ripening [J]. Annual review of plant biology, 2013, 64: 219-241.

[251] Silva B M, Andrade P B, Gonçalves A C, et al. Influence of jam processing upon the contents of phenolics, organic acids and free amino acids in quince fruit (Cydonia oblonga Miller) [J]. European Food Research and Technology, 2004, 218(4): 385-389.

[252] Simon G. Review on rain induced fruit cracking of sweet cherries (Prunus avium L.), its causes and the possibilities of prevention [J]. International Journal of Horticultural Science, 2006, 12(3): 27-35.

[253] Smith D R, Pappas E A. Effect of ditch dredging on the fate of nutrients in deep drainage ditches of the Midwestern United States [J]. Journal of Soil and Water Conservation, 2007, 62(4): 252-261.

[254] Snelgar W, Hopkirk G, Seelye R, et al. Relationship between canopy density and fruit quality of kiwifruit [J]. New Zealand Journal of Crop and Horticultural Science, 1998, 26(3): 223-232.

[255] Souty M, André P. Composition biochimique et qualité des pêches [J]. Ann. Technol. Agric, 1975, 24: 217-236.

[256] Srivastava A, Handa A K. Hormonal regulation of tomato fruit development: a molecular perspective [J]. Journal of Plant Growth Regulation, 2005, 24(2): 67-82.

[257] Stapleton J, Paplomatas E, Wakeman R, et al. Establishment of apricot and almond trees using soil mulching with transparent (solarization) and black polyethylene film: effects on *Verticillium wilt* and tree health [J]. Plant pathology, 1993, 42(3): 333-338.

[258] Svanella L, Gaudillère M, Moing A, et al. Organic acid concentration is little controlled by phosphoenolpyruvate carboxylase activity in peach fruit [J]. Functional Plant Biology, 1999, 26(6): 579-585.

[259] Tagliavini M, Scudellari D, Corelli Grappadelli L, et al. Valutazione di metodi rapidi per stimare il livello azotato del pescheto [J]. Atti XXII Convegno Peschicolo, 1997: 141-150.

[260] Tagliavini M, Zavalloni C, Rombolà A, et al. Mineral nutrient partitioning to fruits of deciduous trees [J]. Acta Horticulturae, 1999, 512: 131-140.

[261] Tavarini S, Gil M, Tomas-Barberan F, et al. Effects of water stress and rootstocks on fruit phenolic composition and physical/chemical quality in Suncrest peach [J]. Annals of Applied Biology, 2011, 158(2): 226-233.

[262] Trainotti L, Bonghi C, Ziliotto F, et al. The use of microarray μPEACH1. 0 to investigate transcriptome changes during transition from pre-climacteric to climacteric phase in peach fruit [J]. Plant science, 2006, 170(3): 606-613.

[263] Trainotti L, Zanin D, Casadoro G. Cell-oriented genomic approach reveals a new and unexpected complexity of the softening in peaches [J]. Journal of experimental botany, 2003, 54: 1821-1832.

[264] Uriu K, Werenfels L, Post G, et al. Cling peach irrigation [J]. California Agriculture, 1964, 18(7): 10-11.

[265] Versari A, Castellari M, Parpinello G P, et al. Characterisation of peach juices obtained from cultivars Redhaven, Suncrest and Maria Marta grown in Italy [J]. Food Chemistry, 2002, 76(2): 181-185.

[266] Vinson J A, Su X, Zubik L, et al. Phenol antioxidant quantity and quality in foods:

fruits [J]. Journal of Agricultural and Food Chemistry, 2001, 49(11): 5315-5321.

[267] Vizzotto G, Pinton R, Varanini Z, et al. Sucrose accumulation in developing peach fruit [J]. Physiologia Plantarum, 1996, 96(2): 225-230.

[268] Patrick J W, Botha F C, Birch R G. Metabolic engineering of sugars and simple sugar derivatives in plants [J]. Plant Biotechnology Journal, 2013, 11(2): 142-156.

[269] Wada H, Matthews M A, Shackel K A. Seasonal pattern of apoplastic solute accumulation and loss of cell turgor during ripening of Vitis vinifera fruit under field conditions [J]. Journal of experimental botany. 2009, 60(6): 1773-1781.

[270] Wang H L, Lee P D, Chen W L, et al. Osmotic stress-induced changes of sucrose metabolism in cultured sweet potato cells [J]. Journal of experimental botany, 2000, 51(353): 1991-1999.

[271] Wang S Y, Camp M J. Temperatures after bloom affect plant growth and fruit quality of strawberry [J]. Scientia horticulturae, 2000, 85(3): 183-199.

[272] Watson R, Wright C, McBurney T, et al. Influence of harvest date and light integral on the development of strawberry flavour compounds [J]. Journal of experimental botany, 2002, 53(377): 2121-2129.

[273] Werner I, Deanovic L A, Miller J, et al. Use of vegetated agricultural drainage ditches to decrease toxicity of irrigation runoff from tomato and alfalfa fields in California, USA [J]. Environmental Toxicology and Chemistry, 2010, 29(12): 2859-2868.

[274] Wert T W, Williamson J G, Chaparro J X, et al. The influence of climate on fruit development and quality of four low-chill peach cultivars [J]. HortScience, 2009, 44(3): 666-670.

[275] Wert T W, Williamson J G, Chaparro J X, et al. The influence of climate on fruit shape of four low-chill peach cultivars [J]. HortScience, 2007, 42(7): 1589-1591.

[276] Wheeler G L, Jones M A, Smirnoff N. The biosynthetic pathway of vitamin C in higher plants [J]. Nature, 1998, 393(6683): 365-369.

[277] Wills R B, Scriven F M, Greenfield H. Nutrient composition of stone fruit (*Prunus* spp.) cultivars: apricot, cherry, nectarine, peach and plum [J]. Journal of the Science of Food and Agriculture, 1983, 34(12): 1383-1389.

[278] Wisniewski M E, Bassett C L, Renaut J, et al. Differential regulation of two dehydrin genes from peach (*Prunus persica*) by photoperiod, low temperature and water deficit [J]. Tree Physiology, 2006, 26(5): 575-584.

[279] Wu B, Li S, Michel G, et al. Influence of hairless of fruit epidermis and flesh color on contents of sugars and acids and their relationship in peach [J]. Zhongguo nongye kexue, 2002, 36(12): 1540-1544.

[280] Wu L L, Mitchell J P, Cohn N S, et al. Gibberellin (GA3) enhances cell wall invert-

ase activity and mRNA levels in elongating dwarf pea (*Pisum sativum*) shoots [J]. International journal of plant sciences, 1993: 280-289.

[281] Xue Q, Zhu Z, Musick J T, et al. Physiological mechanisms contributing to the increased water-use efficiency in winter wheat under deficit irrigation [J]. Journal of plant physiology, 2006, 163(2): 154-164.

[282] Yakushiji H, Morinaga K, Nonami H. Sugar accumulation and partitioning in Satsuma mandarin tree tissues and fruit in response to drought stress [J]. Journal of the American Society for Horticultural Science, 1998, 123(4): 719-726.

[283] Yamada H, Kaga Y, Amano S. Cellular compartmentation and membrane permeability to sugars in relation to early or high temperature-induced watercore in apples [J]. Scientia horticulturae, 2006, 108(1): 29-34.

[284] Yamaki S. Isolation of vacuoles from immature apple fruit flesh and compartmentation of sugars, organic acids, phenolic compounds and amino acids [J]. Plant and Cell Physiology, 1984, 25(1): 151-166.

[285] Yamaki S. Physiology and metabolism of fruit development-biochemistry of sugar metabolism and compartmentation in fruits [J]. Postharvest Physiology of Fruits 1994, 398: 109-120.

[286] Yamaki S, Asakura T. Stimulation of the uptake of sorbitol into vacuoles from apple fruit flesh by abscisic acid and into protoplasts by indoleacetic acid [J]. Plant and Cell Physiology, 1991, 32(2): 315-318.

[287] Yamaki S, Ino M. Alteration of cellular compartmentation and membrane permeability to sugars in immature and mature apple fruit [J]. Journal of the American Society for Horticultural Science, 1992, 117(6): 951-954.

[288] Yamaki S, Ino M, Ozaki S, et al. Cellular compartmentation and transport into tonoplast vesicles of sugars with ripening of pear fruit [J]. Physiological Basis of Postharvest Technologies, 1992: 12-17.

[289] Scudellari D, Tagliavini M, Pelliconi F. Aspetti teorici ed applicativi del calcio nelle colture arboree [fabbisogni nutrizionali delle piante] [J]. Informatore Agrario, 1995.

[290] Zampini M, Wantling E, Phillips N, et al. Multisensory flavor perception: Assessing the influence of fruit acids and color cues on the perception of fruit-flavored beverages [J]. Food quality and preference, 2008, 19(3): 335-343.

[291] Zhang M, He Z, Calvert D V, et al. Spatial and temporal variations of water quality in drainage ditches within vegetable farms and citrus groves [J]. Agricultural Water Management, 2004, 65(1): 39-57.

[292] Ziegler H, Zimmerman M, Milburn J. Transport in plants I [M]. Springer-Verlag: Berlin, 1975: 480-503.

[293] Ziosi V, Bregoli A M, Bonghi C, et al. Transcription of ethylene perception and biosynthesis genes is altered by putrescine, spermidine and aminoethoxyvinylglycine (AVG) during ripening in peach fruit (*Prunus persica*) [J] . New phytologist, 2006, 172(2): 229-238.